建筑工程测量

主　编　张国玉　谢友鸽
副主编　孙智慧　李玉芝
参　编　邴元敏　李颖颖　姜长磊
　　　　邵宝峰　时延刚　周立军
　　　　辛在龙　薛映俊　王建波

北京理工大学出版社
BEIJING INSTITUTE OF TECHNOLOGY PRESS

内 容 提 要

本书根据高等院校工程测量技术专业对建筑工程测量课程的实际需求编写，全书分3篇，共9个项目，主要内容包括：测量学认知、水准测量、角度测量、距离测量和直线定向、全站仪、控制测量、施工测量、测量课内实验及测量实习。本书突出职业教育特色，在内容编排上图文并重，以图助文，便于学生理解和掌握。在理论讲解的基础上，测量实验实习更加注重实践练习，以帮助学生达到理论联系实际的目的。

本书可作为高等院校土木工程类相关专业的教材，也可作为其他相关专业及工程技术人员的参考用书。

图书在版编目（CIP）数据

建筑工程测量 / 张国玉, 谢友鸽主编. -- 北京 : 北京理工大学出版社, 2025. 1.

ISBN 978-7-5763-4773-9

Ⅰ. TU198

中国国家版本馆CIP数据核字第2025FP5596号

责任编辑： 江　立　　**文案编辑：** 江　立

责任校对： 周瑞红　　**责任印制：** 王美丽

出版发行 / 北京理工大学出版社有限责任公司

社　　址 / 北京市丰台区四合庄路 6 号

邮　　编 / 100070

电　　话 /（010）68914026（教材售后服务热线）

（010）63726648（课件资源服务热线）

网　　址 / http://www.bitpress.com.cn

版 印 次 / 2025 年 1 月第 1 版第 1 次印刷

印　　刷 / 天津旭非印刷有限公司

开　　本 / 787 mm×1092 mm　1/16

印　　张 / 13.5

字　　数 / 328 千字

定　　价 / 88.00 元

FOREWORD 前言

本书依据高等院校建筑类专业培养目标和教学标准进行编写。在总结编者多年教学经验、分析以往使用教材优点、缺点的基础上，结合施工员岗位能力要求，充分体现了“产教融合、校企合作”的开发特色，突出理论与实践并重、技术与人文融通的教学，紧跟时代和行业发展步伐，力求体现高等教育及应用型教育注重职业能力培养的特点。本书内容以“必需、够用”为标准，突出实训特色，使学生能够具备控制测量和施工放样在工程中应用的能力，注重培养学生实践创新、严谨细致、精益求精的工匠精神，提升吃苦耐劳、求真务实的品质，使学生成长为新时代测绘工匠精神的高素质测绘技术技能人才。

全书分3篇，共9个项目34个教学任务，每个任务中包括任务指南、任务目标、任务重难点、知识储备、任务实施和温故知新等环节，本书采用了“互联网+”教材的思路，配套相应的任务设计、微课视频、动画演练、虚拟仿真、线下实操视频等多种学习资源通过链接到书中相应知识点处，读者可以通过手机“扫一扫”功能进行查看。本书教学学时建议按48学时安排，其中20学时为实训和习题课。各学校也可根据实际情况及不同专业灵活安排。

本书由日照职业技术学院张国玉、谢友鸽担任主编，日照职业技术学院孙智慧、山东水利职业学院李玉芝担任副主编，日照职业技术学院邴元敏、李颖颖、姜长磊、山东交工建设集团有限公司邵宝峰、日照海洋文旅建设发展有限公司时延刚、日照职业技术学院周立军、日照市城市规划设计研究院辛在龙、山东水利职业学院薛映俊、江苏海洋大学王建波参与编写。具体编写分工：项目一由李玉芝、姜长磊编写；项目二由孙智慧、周立军编写；项目三由辛在龙、薛映俊编写；项目四、项目五由张国玉编写；项目六由谢友鸽、邵宝峰编写；项目七由李颖颖、邴元敏编写；项目八由时延刚、王建波编写；项目九由谢友鸽编写。

本书在编写过程中得到了日照职业技术学院、山东水利职业学院、山东交工建设集团有限公司、江苏海洋大学、日照海洋文旅建设发展有限公司、日照市城市规划设计研究院、山东农业工程学院等单位的大力支持，它们为本书提供了大量的实际案例和宝贵经验，有力地保障了理论与实践并重、技术与人文融通相结合的教学目标，在此向它们表示衷心的感谢。

由于编写水平有限，书中难免存在不妥之处，恳请广大读者批评指正，以便进一步修订完善！

编　者

CONTENTS 目录

第一篇　测量基础知识

CONTENTS

CONTENTS

第三篇　测量实验实习部分

第一篇　测量基础知识

项目一　测量学认知

项目描述

测量学是一门研究地球表面的形状和大小，以及确定地球表面点位的科学，主要包括测设和测定两部分。本项目内容主要包括6个任务，即测量学概述、地球的形状和大小、地面点位的确定、水平面代替水准面的限度、测量工作概述、测量误差。通过本项目的学习，学生应能够掌握测量学的基本知识，包括定义、分类、坐标系等知识点。

精讲点拨：测量学的研究内容

任务一　测量学概述

任务指南

本任务主要是根据学生的学习特点，由浅入深、由简单到复杂地将测量学的基础知识呈现出来，主要采用学生自主探究、教师精讲点拨、学生游戏等方式巩固知识点。

测量依据

《国家三、四等水准测量规范》(GB/T 12898—2009)、《城市轨道交通工程测量规范》(GB/T 50308—2017)、《国家一、二等水准测量规范》(GB/T 12897—2006)、《工程测量标准》(GB 50026—2020)。

任务目标

知识目标：掌握测量学的定义和分类。

能力目标：能根据任务要求熟悉测量学的内容。

素质目标：培养科技自信和文化自信。

任务重难点

重点：测量学的定义。

难点：测量学的分类。

知识储备

测量学的经典定义：测量学是研究地球的形状和大小，测定地面点的位置及高程，将地表形状及其他信息测绘成地形图的学科。测量学的主要任务有以下三个方面：一是研究确定地球的形状和大小，建立统一的测绘基准；二是将地球表面的地物地貌测绘成图；三是将图纸上的设计成果测设至现场。

任务实施

根据测量及研究的对象、任务及采用技术手段的不同，传统上测量学可分为以下几个分支学科。

精讲点拨：测量学基本概述

(1)大地测量学——研究和确定地球形状、大小和重力场，测定地面点的几何位置和地球整体与局部运动的理论及技术的学科。其基本任务：建立国家大地控制网，测定地球的形状、大小和重力场，为地形测图和各种工程测量提供基础起算数据；为空间科学、军事科学及研究地壳变形、地震预报等提供重要的资料。按照测量手段的不同，大地测量学又可分为常规大地测量、卫星大地测量及物理大地测量等。

(2)普通测量学——研究地球表面较小区域内测绘工作的基本理论、技术、方法及应用的学科，是测量学的基础。普通测量学的主要内容包括建立图根控制网、测绘地形图、应用地形图，以及一般工程的施工测量。具体工作有角度测量、距离测量、高程测量、测量数据平差处理和绘图。在测绘地形图过程中无须考虑地球曲率的影响，用平面代替地球曲面。

(3)摄影测量学——研究利用摄影或遥感的手段获取目标物的影像数据，从中提取几何的或物理的信息，并用图形、图像和数字形式表达测绘成果的学科。其基本任务是通过对摄影像片或遥感图像进行处理、量测、解译，以测定物体的形状、大小和空间位置，进而制作成图。摄影测量学包括航空摄影测量、航天摄影测量(遥感)、地面摄影测量和近景摄影测量等。

(4)地图制图学——研究模拟地图和数字地图的基础理论、设计、编绘和复制的技术方法及应用的学科。其基本任务是利用各种测量成果编制各类地图。地图制图学的内容主要包括地图投影、地图编制、地图整饰、地图制印和地图应用等。随着计算机技术的引入，出现了计算机地图制图技术，使地图产品由纸质模拟地图向数字地图转变，从二维静态向三维立体和四维动态转变。数字地图的发展及广阔的应用领域为地图学的发展展现出了光辉的前景，使数字地图成为21世纪社会生活中的主要测绘产品。

(5)工程测量学——研究工程建设和自然资源开发中，在规划、勘察设计、施工和运营管理各个阶段进行的控制测量、地形测绘、施工放样、设备安装、变形监测及分析预报等的理论与技术的学科。工程测量学按其研究对象的不同又可分为建筑工程测量、水利工程测量、矿山工程测量、铁路工程测量、公路工程测量、桥梁工程测量、隧道工程测量、输电线路与输油管道测量、港口工程测量、军事工程测量、城市建设测量等。

(6)海洋测量学——研究以海洋水体和海底为对象所进行的测量和海图编制理论与方法的学科。其主要内容包括海洋大地测量、海道测量、海底地形测量、海洋重力测量及各种海图的编制。

土木工程是建造各类工程设施科学技术的统称。它既指所进行的勘测设计、施工、运营维护等技术活动，也指工程建设的对象，即建造在地上或地下、陆上或水中，直接或间接为人类生活、生产、军事、科研服务的各种工程设施，如房屋、道路、铁路、运输管道、隧道、桥梁、堤坝、港口、电站、机场、给水排水等工程。为实施土木工程而进行的测量工作即土木工程测量。因此，土木工程测量属于普通测量学和工程测量学的范畴。其基本内容包括测定和测设的理论与技术体系。

随着近代电子技术、空间技术、计算机技术及通信技术的发展，测量工作的方法、工具、对象和成果有了较大的变化，现代的测量学又改称测绘学。测绘学是研究对地球整体及其表面和外层空间中的各种自然及人造物体上与地理空间分布有关的各种几何、物理、人文及其随时间变化的信息进行采集、处理、管理、更新和利用的科学与技术。测量学在这些新技术的支撑和推动下，出现了以全球定位系统(Global Positioning System，GPS)、遥感(Remote Sensing，RS)和地理信息系统(Geographic Information System，GIS)即“3S”技术为代表的现代测绘科学技术，使测绘学科从理论到方法都发生了根本性的改变。GPS主要用于实时、快速地提供目标的空间位置；RS用于实时、快速地提供大面积地表物体及其环境的几何与物理信息，以及它们的各种变化；GIS是对多种来源的时空数据进行综合处理分析和应用的平台。“3S”技术的集成应用是测绘技术的发展方向，从测绘学的现代发展可以看出，现代测绘学是指对空间数据的测量、分析、管理、存储和显示的综合研究。这些空间数据源于地球卫星、航空航天传感器及地面的各种测量仪器，采用信息技术，利用计算机的硬件和软件对这些空间数据进行处理与使用。原来各测绘分支学科之间的界限因计算机技术和通信技术的发展而逐渐变得模糊了，各测绘分支学科都因计算机和通信技术的发展而更加紧密地联系在一起，并结合地理学和管理学等学科知识，为现代社会对空间信息的各种需求提出全面的优化解决方案。这样，测绘学的现代概念就是研究地球和其他实体与地理空间分布有关的信息的采集、量测、分析、显示、管理和利用的科学和技术。由于将空间数据与其他专业数据进行综合处理、分析，测绘学科从单一学科走向多学科交叉，其应用已扩展到与空间信息分布有关的众多领域，显示出现代测绘学正向着一门新兴学科——地球空间信息科学(Geo-Spatial Information Science，简称Geomatics)跨越和融合。

在21世纪的信息社会中，测绘资料是重要的基础信息之一。测绘产品已由过去的单一硬复制纸质图逐步向软复制的“4D”数字产品，即数字高程模型(Digital Elevation Model，DEM)、数字正射影像图(Digital Orthophoto Map，DOM)、数字线画图(Digital Line Graphic，DLG)、数字栅格图(Digital Raster Graphic，DRG)及地理信息系统过渡。测绘工作承担着重要的信息采集、加工、整理及信息建库的任务。在国民经济建设、国防建设和科学研究方面，测绘工作被称为建设的尖兵。城乡规划与建设，国土整治，公路、铁路的修建，农林、水利建设，资源调查，矿产的勘探和开发，环境监测等都离不开测绘工作。在国防建设中，军事测量和军用地图是现代大规模诸兵种协同作战不可缺少的重要保障，而且对远程导弹、空间武器、人造卫星和航天器的发射等也起着重要的作用。测绘技术对于空间科学技术的研究、地壳形变、地震预报、地球动力学研究等是不可缺少的工具。由诸多测绘成果集成的地理信息系统现已成为现代行政管理和军事指挥的重要工具。

随着科学技术的日益发展，测绘学已全面进入数字化时代，正向着自动化、信息化和网络化的方向迈进。测量对象已由地球表面扩展到空间星球，由静态发展到动态，“3S”技术已成为测绘工作的主要技术手段。测绘学的概念已被拓宽而注入了新的内容，成为一门名副其实的地球空间信息科学。本书的主要内容是地形图的测绘与应用及一般工程建设的施工测量。

任务二　地球的形状和大小

任务指南

本任务主要是认识并学习地球的形状和大小有关的知识，主要采用学生自主探究、教师精讲点拨、学生游戏等方式巩固知识点。

测量依据

《国家三、四等水准测量规范》(GB/T 12898—2009)、《城市轨道交通工程测量规范》(GB/T 50308—2017)、《国家一、二等水准测量规范》(GB/T 12897—2006)、《工程测量标准》(GB 50026—2020)。

任务目标

知识目标：认识并了解地球的形状和大小。

能力目标：能根据任务要求掌握地球的形状和大小。

素质目标：培养学生严谨细致的态度。

任务重难点

重点：水准面、大地水准面和总椭球体。

难点：水准面、大地水准面和总椭球体。

知识储备

测绘工作大多是在地球表面上进行的，测量基准的确定，测量成果的计算及处理都与地球的形状和大小有关。

精讲点拨：地的形状和大小

任务实施

地球的自然表面是很不规则的，其上有高山、深谷、丘陵、平原、江湖、海洋等，最高的珠穆朗玛峰高出海平面 8 848.86 m，最深的太平洋马里亚纳海沟低于海平面 11 034 m，两者相对高差不足 20 km，与地球的平均半径 6 371 km 相比是微不足道的；就整个地球表面而言，陆地面积仅占 29%，而海洋面积占了 71%。因此，可以设想地球的整体形状是被海水所包围的球体，即设想将静止的海水面扩展延伸，使其穿过大陆和岛屿，形成一个封闭的曲面，如图 1-1 所示。静止的海水面称为水准面。由于海水受潮汐风浪等影响而时高时低，故水准面有无穷多个，其中与平均海水面相吻合的水准面称为大地水准面。由大地水准面所包围的形体称为大地体。人们常用大地体来代表地球的真实形状和大小。

水准面的特性是处处与铅垂线相垂直。同一水准面上各点的重力位相等，故又将水准面称为重力等位面，此面既具有几何意义又具有物理意义。水准面和铅垂线就是实际测量工作所依据的面和线。

由于地球内部质量分布不均匀，致使地面上各点的铅垂线方向产生不规则变化，因此处处与铅垂线垂直的大地水准面是一个不规则的无法用数学式表述的曲面，在这样的面上是无法进行测量数据的计算及处理的。因此，人们进一步设想，用一个与大地体非常接近的又能用数学式表述的规则球体即旋转椭球体来代表地球的形状，如图 1-2 所示。它是由椭圆 NESW 绕短轴 NS 旋转而成。旋转椭球体的形状和大小由椭球基本元素确定，即

长半轴：a

短半轴：b

扁率：$\partial=(a-b)/a$

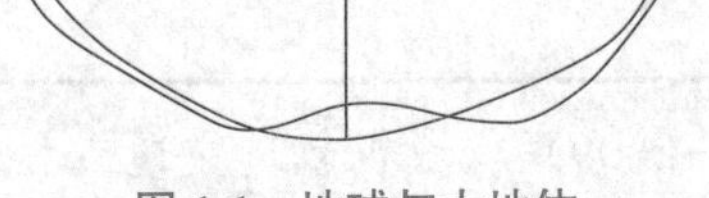

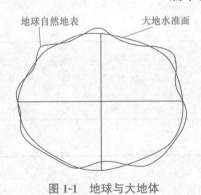

图 1-1　地球与大地体

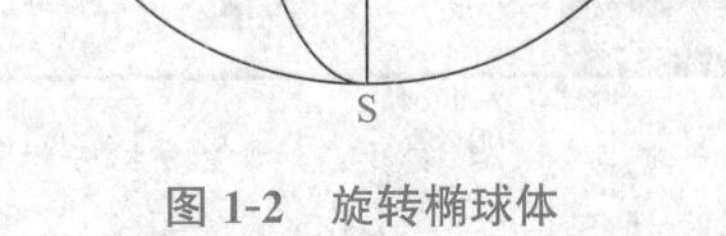

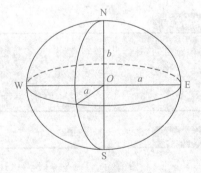

图 1-2　旋转椭球体

某一国家或地区为处理测量成果而采用的与本国或本地区的大地体面形状最密合的旋转椭球称为参考椭球体。而着眼于全世界的测量数据处理，选择在全球范围内与大地体的形状大小最密合的旋转椭球称为总椭球体。确定椭球体与大地体之间的相对位置关系称为椭球体定位。参考椭球体的定位对椭球体的中心位置无特殊要求，而总椭球体的定位要求椭球体中心与地球质心一致。椭球体面只具有几何意义而无物理意义，是严格意义上的测量计算基准面。

几个世纪以来，许多学者分别测算出了多组椭球体参数值，表 1-1 列出了几个著名的

椭球体。我国的1954北京坐标系采用的是克拉索夫斯基椭球，1980西安坐标系采用的是1975国际椭球，它们属于参考椭球体定位的参心坐标系；全球定位系统(GPS)采用的是WGS－84椭球，我国的2000国家大地坐标系采用的椭球与WGS－84椭球近似，它们属于总椭球体定位的地心坐标系。

表1-1　地球椭球几何参数

椭球名称	长半轴 a/m	扁率 α	计算年代和国家	备注
贝塞尔	6 377 397	1∶299.152	1841德国	
海福特	6 378 388	1∶297.0	1910美国	1942年国际第一个推荐值
克拉索夫斯基	6 378 245	1∶298.3	1940苏联	1954北京坐标系采用
1975国际椭球	6 378 140	1∶298.257	1975国际第三个推荐值	1980西安坐标系采用
WGS－84椭球	6 378 137	1∶298.257 223 563	1984美国	美国GPS采用
CGCS 2000	6 378 137	1∶298.257 222 101	2000中国	2000国家大地坐标系采用

由于旋转椭球的扁率很小，在普通测量中可将地球当作圆球看待。

任务三　地面点位的确定

子任务一　地理坐标系

任务指南

本任务主要是根据学生的学习特点，将地面点位的确定知识点由浅入深、由简单到复杂地呈现出来，主要包括天文坐标系和大地坐标系，采用学生自主探究、教师精讲点拨等方式解决教学重点、突破教学难点。

测量依据

《国家三、四等水准测量规范》(GB/T 12898—2009)、《城市轨道交通工程测量规范》(GB/T 50308—2017)、《国家一、二等水准测量规范》(GB/T 12897—2006)、《工程测量标准》(GB 50026—2020)。

任务目标

知识目标：掌握地理坐标系的结构。

能力目标：能根据任务要求熟悉天文和大地坐标系的内容。

素质目标：培养分析问题、解决问题的能力。

任务重难点

重点：地理坐标系的定义。
难点：地理坐标系的分类。

知识储备

当研究和测定整个地球的形状或进行大区域的测绘工作时，宜用地理坐标来确定地面点的位置。地理坐标是一种球面坐标，视球体不同可分为天文坐标系和大地坐标系。

任务实施

一、天文坐标系

以大地水准面为基准面，地面点沿铅垂线投影在该基准面上的位置，称为该点的天文坐标系。该坐标系用天文经度和天文纬度表示。如图 1-3 所示，将大地体视作地球，NS 即地球的自转轴，N 为北极，S 为南极。包含地面点 P 的铅垂线且平行于地球自转轴的平面称为 P 点的天文子午面。天文子午面与大地水准面的交线称为天文子午线，也称经线。而将通过英国格林尼治天文台埃里中星仪的子午面称为起始子午面，相应的子午线称为起始子午线或零子午线，并作为经度计算的起点。过点 P 的天文子午面与起始子午面所夹的两面角称为 P 点的天文经度，用 λ 表示，其值为 0°～180°，在起始子午线以东的为东经，以西的为西经。

精讲点拨：测量常用坐标系统

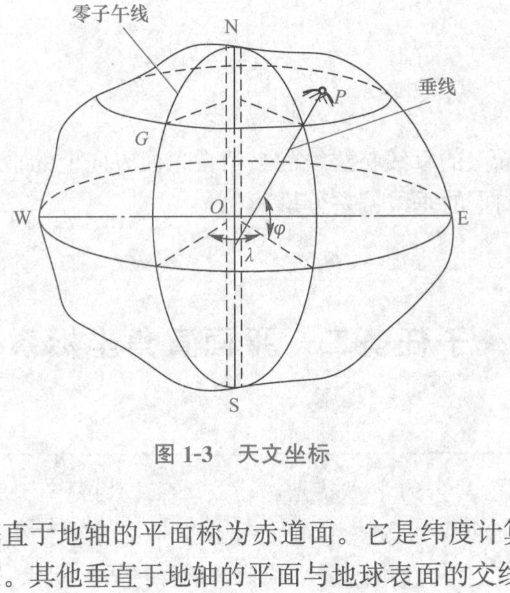

图 1-3　天文坐标

通过地球体中心且垂直于地轴的平面称为赤道面。它是纬度计算的起始面。赤道面与地球表面的交线称为赤道。其他垂直于地轴的平面与地球表面的交线称为纬线。过点 P 的铅垂线与赤道面之间所夹的线面角就称为 P 点的天文纬度，用 φ 表示，其值为 0°～90°，在赤道以北的为北纬，以南的为南纬。

天文坐标(λ，φ)是用天文测量的方法实测得到的。

二、大地坐标系

以椭球面为基准面，地面点沿椭球面的法线投影在该基准面上的位置，称为该点的大地坐标，该坐标系用大地经度和大地纬度表示。如图 1-4 所示，包含地面点 P 的法线且通过椭球旋转轴的平面称为 P 的大地子午面。过 P 点的大地子午面与起始大地子午面所夹的两面角就称为 P 点的大地经度，用 L 表示，其值分为东经 0°～180°和西经 0°～180°。过点 P 的法线与椭球赤道面所夹的线面角就称为 P 点的大地纬度，用 B 表示，其值分为北纬 0°～90°和南纬 0°～90°。

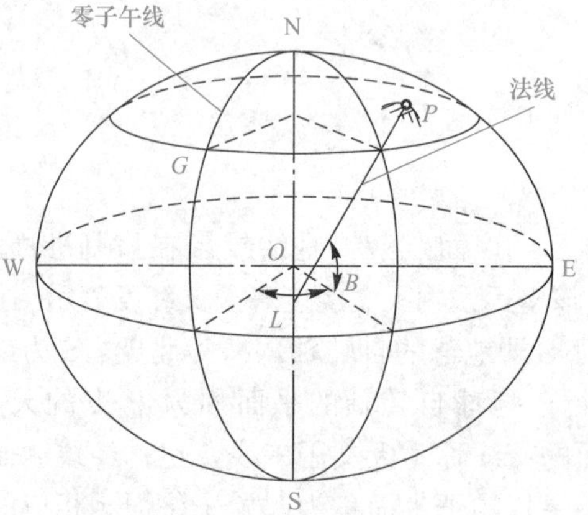

图 1-4　大地坐标

大地坐标(L，B)因所依据的椭球体面不具有物理意义而不能直接测得，只可通过计算得到。它与天文坐标有如下关系式：

$$L=\lambda-\frac{\eta}{\cos\varphi}$$
$$B=\varphi-\xi \tag{1-1}$$

式中　η——过同一地面点的垂线与法线的夹角在东西方向上的垂线偏差分量；

ξ——在南北方向上的垂线偏差分量。

子任务二　平面直角坐标系

任务指南

本任务主要是根据学生的学习特点，由浅入深、由简单到复杂地将平面直角坐标系的结构和作用呈现出来，主要包括独立平面直角坐标系和高斯平面直角坐标系，主要采用学生自主探究、教师精讲点拨、试题演练等巩固知识点。

测量依据

《国家三、四等水准测量规范》(GB/T 12898—2009)、《城市轨道交通工程测量规范》(GB/T 50308—2017)、《国家一、二等水准测量规范》(GB/T 12897—2006)、《工程测量标准》(GB 50026—2020)。

任务目标

知识目标：掌握平面直角坐标系的组成。

能力目标：能根据任务要求熟悉独立平面直角系和高斯平面直角坐标系的内容。

素质目标：培养认真学习的态度。

任务重难点

重点：平面直角坐标系的组成。

难点：高斯投影。

知识储备

在实际测量工作中，若用以角度为计量单位的球面坐标来表示地面点的位置是不方便的，通常是采用平面直角坐标。测量工作中所用的平面直角坐标系与数学上的笛卡尔直角坐标系实质上相同而形式不同，测量上的平面直角坐标系以纵轴为 X 轴，一般表示南北方向，以横轴为 Y 轴，一般表示东西方向，象限为顺时针编号，直线的方向都是从纵轴北端按顺时针方向度量的，如图 1-5 所示。这样的规定，使数学中的三角公式在测量坐标系中完全适用。

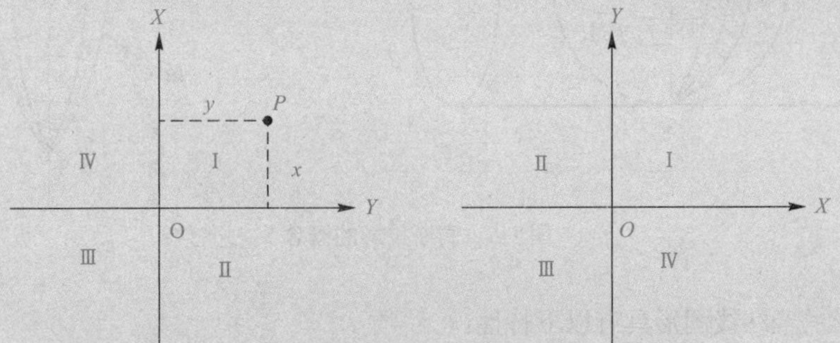

图 1-5　测量平面直角坐标系与数学笛卡尔坐标系

任务实施

一、独立测区的平面直角坐标系

当测区的范围较小，能够忽略地球曲率对该区的影响而将其当作平面看待时，可在此平面上建立独立的直角坐标系。一般选定子午线方向为纵轴，即 x 轴，原点设在测区的西南角，以避免坐标出现负值。测区内任一地面点用坐标(x，y)来表示，它们与本地区统一坐标系没有必然的联系而为独立的平面直角坐标系。如有必要可以通过与国家坐标系联测而纳入统一坐标系。

二、高斯平面直角坐标系

当测区范围较大时，要建立平面坐标系，就不能忽略地球曲率的影响，为了解决球面与平面这对矛盾，则必须采用地图投影的方法将球面上的大地坐标转换为平面直角坐标。目前我国采用高斯-克吕格投影，建立了高斯-克吕格平面直角坐标系，简称高斯平面直角坐标系。

(1)高斯投影。高斯投影是由德国数学家、测量学家高斯提出的，后经德国大地测量学家克吕格改进的一种等角横切椭圆柱投影，全称高斯-克吕格投影。该投影解决了将椭球面转换为平面的问题。从几何意义上看，就是假设一个椭圆柱横向套在地球椭球体外并与椭球面上的某一条子午线相切，这条相切的子午线称为中央子午线。将椭球面上一定范围内的物象映射到椭圆柱的表面，然后将椭圆柱面沿母线剪开并展开成平面，即获得投影后的平面图形，如图 1-6 所示。

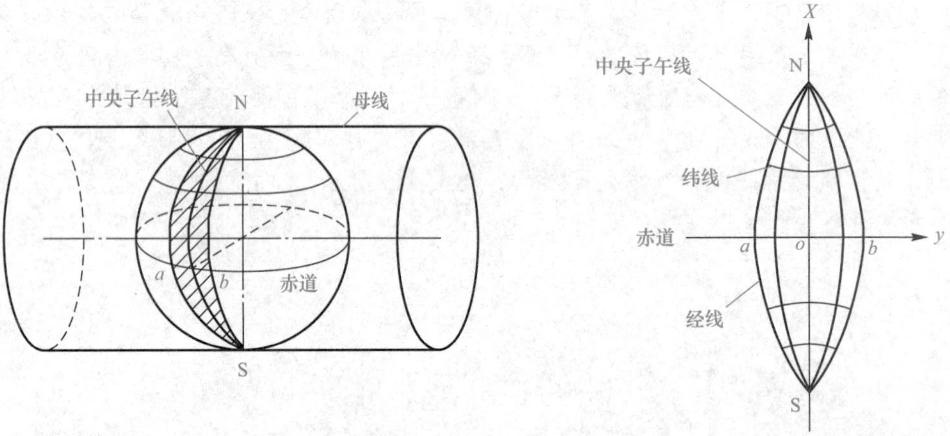

图 1-6　高斯投影的概念

高斯投影的经纬线图形具有以下特性：

1)投影后的中央子午线为直线，无长度变化，其余的经线投影为凹向中央子午线的对称曲线，长度较球面上的相应经线略长。

2)赤道的投影为直线，并与中央子午线正交，其余的纬线投影为凸向赤道的对称曲线。

3)经纬线投影后仍然保持相互垂直的关系，说明投影后的角度无变形。

高斯投影没有角度变形，但有长度变形和面积变形，距离中央子午线越远，变形就越大，为了对变形加以控制，测量中采用限制投影区域的办法，即将投影区域限制在中央子午线两侧一定的范围，这就是所谓的分带投影，如图 1-7 所示。投影带一般分为 6°带和 3°带两种，如图 1-8 所示。

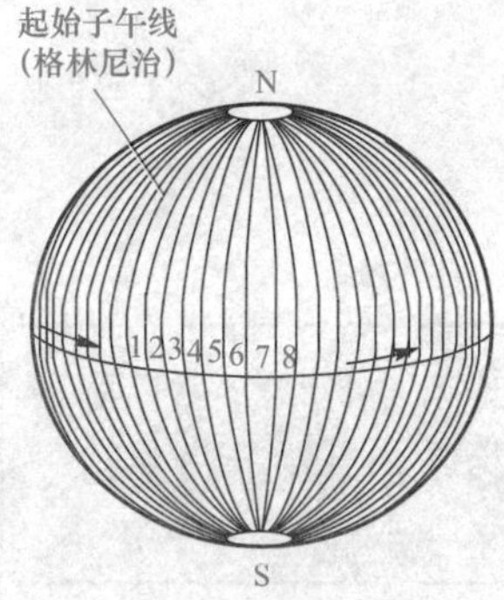

图 1-7　分带投影

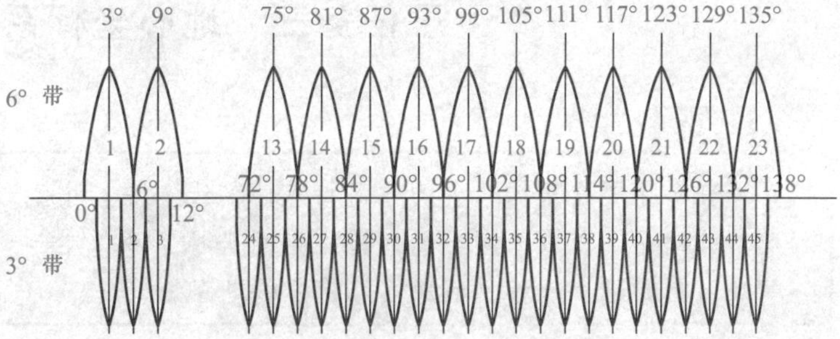

图 1-8　6°带和 3°带投影

6°投影带是从英国格林尼治起始子午线开始，自西向东，每隔经差 6°为一带，将全球分成 60 个带，其编号分别为 1，2，…，60。每带的中央子午线经度均可用下式计算：

$$L_6=(6n-3)° \tag{1-2}$$

式中　n——6°带的带号。

投影带的最大变形在赤道与投影带最外一条经线的交点上，其长度变形约为 0.14%，面积变形约为 0.27%。6°带的长度变形能满足 1∶50 万～1∶2.5 万比例尺地形图的精度要求，1∶100 00 和 1∶5 000 地形图则应采用 3°投影带。

3°投影带是在 6°带的基础上划分的，从东经 1.5°的子午线开始，自西向东，每隔经差 3°为一带，全球分成 120 带，其中央子午线在奇数带时与 6°带中央子午线重合，每带的中央子午线经度可用下式计算：

$$L_3=3°n' \tag{1-3}$$

式中　n'——3°带的带号。

3°带最大的长度变形为 0.04%，最大的面积变形为 0.14%。

我国领土位于东经 72°～136°，共包括了 11 个 6°投影带，即 13～23 号带；22 个 3°投影带，即 24～45 号带。成都位于 6°带的第 18 号带，其中央子午线经度为 105°。

(2)高斯坐标。通过高斯投影，将中央子午线的投影作为纵坐标轴，用 x 表示，将赤道的投影作为横坐标轴，用 y 表示，两轴的交点作为坐标原点，由此构成的平面直角坐标系称为高斯平面直角坐标系，如图 1-9 所示。对应于每个投影带，就有一个独立的高斯平面直角坐标系，区分各带坐标系则利用相应投影带的带号。

为了使用上的方便，在每一投影带内，分别绘制平行于 x 轴和 y 轴的直线，组成平面直角坐标网，其间隔一般以 km 为单位，故称为公里格网。

在我国领土范围的每一投影带内，y 坐标值有正有负，这对计算和使用均不方便，为了使 y 坐标都为正值，故将纵坐标轴向西平移 500 km(半个投影带的最大宽度不超过 500 km)，并在 y 坐标前加上投影带的带号成为通用坐标。如图 1-9 所示，A 点位于第 18 投影带，其坐标为 $x=3\ 395\ 451$ m，$y=-82\ 261$ m，它的通用坐标则为 $X=3\ 395\ 451$ m，$Y=18\ 417\ 739$ m。地形图上注记的坐标值都是通用坐标。

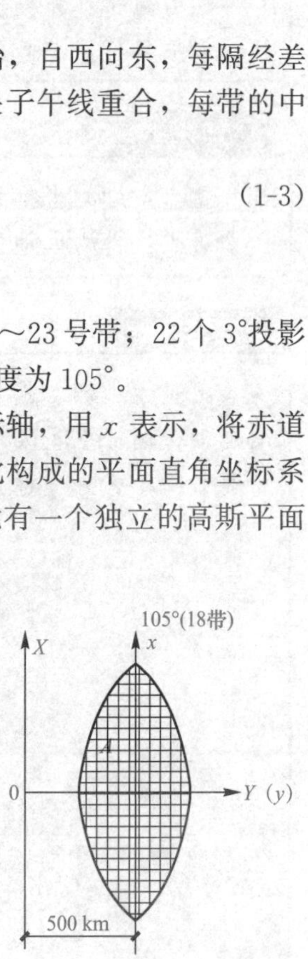

图 1-9　高斯平面直角坐标系

子任务三　地心坐标系

任务指南

本任务主要是根据学生的学习特点，由浅入深、由简单到复杂地将地心坐标系的结构和作用呈现出来，主要包括地心空间坐标系和地心大地坐标系，主要采用学生自主探究、教师精讲点拨、试题演练等方式巩固知识点。

测量依据

《国家三、四等水准测量规范》(GB/T 12898—2009)、《城市轨道交通工程测量规范》(GB/T 50308—2017)、《国家一、二等水准测量规范》(GB/T 12897—2006)、《工程测量标准》(GB 50026—2020)。

任务目标

知识目标：掌握地心坐标系的组成。

能力目标：能根据任务要求熟悉地心空间坐标系和地心大地坐标系的内容。

素质目标：培养严谨细致的工作态度。

任务重难点

重点：地心坐标系的组成。

难点：地心大地坐标系。

知识储备

卫星大地测量是利用空中卫星的位置来确定地面点的位置。由于卫星围绕地球质心运动，因此卫星大地测量中需要采用地心坐标系。该坐标系一般有地心空间直角坐标系和地心大地坐标系两种表达式，如图 1-10 所示。

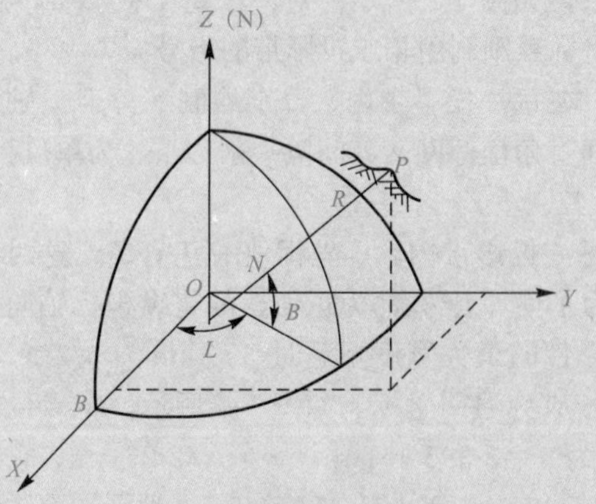

图 1-10　地心坐标系

任务实施

一、地心空间直角坐标系

坐标系原点 O 与地球质心重合，Z 轴指向地球北极，X 轴指向格林尼治平均子午面与地球赤道的交点 E，Y 轴垂直于 XOZ 平面构成右手坐标系。

二、地心大地坐标系

椭球体中心与地球质心重合，椭球短轴与地球自转轴相合，大地经度 L 为过地面点的椭球子午面与格林尼治平均子午面的夹角，大地纬度 B 为过地面点的法线与椭球赤道面的夹角，地面点沿法线至椭球面的距离称为大地高 H。

于是，任一地面点 P 在地心坐标系中的坐标均可表示为$(X，Y，Z)$或$(L，B，H)$。两者之间可用下式进行换算：

$$\left.\begin{aligned} X&=(N+H)\cos B\cos L\\ Y&=(N+H)\cos B\sin L\\ Z&=[N(1-e^2)+H]\sin B\end{aligned}\right\} \tag{1-4}$$

式中 N——椭球体卯酉圈的曲率半径；

H——大地高；

e——椭球的第一偏心率。

当由空间直角坐标转换为大地坐标时，则用下式：

$$\left.\begin{aligned} L&=\arctan\left(\frac{Y}{X}\right)\\ B&=\arctan\left(\frac{Z+Ne^2\sin B}{\sqrt{X^2+Y^2}}\right)\\ H&=\frac{Z}{\sin B}-N(1-e^2)\end{aligned}\right\} \tag{1-5}$$

在纬度 B 的计算中，需用逐次趋近法做迭代计算。

美国的全球定位系统(GPS)采用的 WGS－84 坐标就属于这类坐标。

子任务四　我国的大地坐标系

任务指南

本任务主要是根据学生的学习特点，由浅入深、由简单到复杂地将我国使用的大地坐标系的历程呈现出来，主要包括 1954 北京坐标系、1980 西安坐标系和 2000 国家大地坐标系，主要采用学生自主探究、教师精讲点拨、试题演练等方式巩固知识点。

测量依据

《国家三、四等水准测量规范》(GB/T 12898—2009)、《城市轨道交通工程测量规范》(GB/T 50308—2017)、《国家一、二等水准测量规范》(GB/T 12897—2006)、《工程测量标准》(GB 50026—2020)。

任务目标

知识目标：掌握国家大地坐标系的结构和三大坐标系的区别。

能力目标：能根据任务要求区分三大坐标系。

素质目标：培养爱国情怀。

任务重难点

重点：1954 北京坐标系、1980 西安坐标系和 2000 国家大地坐标系的内容。

难点：1954 北京坐标系、1980 西安坐标系和 2000 国家大地坐标系的区别。

知识储备

中华人民共和国成立以来，我国先后采用了三套大地坐标系统。

任务实施

一、1954 北京坐标系

20 世纪 50 年代，由于国家建设的迫切需要，我国地面点的大地坐标通过与苏联 1942 年普尔科沃(Pulkovo)坐标系联测，经过我国东北传算过来，该坐标系定名为“1954 北京坐标系”。实际上，该坐标系是苏联 1942 年普尔科沃坐标系的延伸，它采用的是克拉索夫斯基椭球体元素值，大地原点(坐标系大地经纬度的起算点)在普尔科沃天文台，由于大地原点距离我国甚远，在我国范围内该参考椭球面与大地水准面存在明显差异，并不适合作为我国的大地坐标系统。

精讲点拨：我国大地坐标系

二、1980 西安坐标系

以 1954 北京坐标系为基础，经过近 30 年的测量，在获取大量的地面点数据后，采用 1975 年国际大地测量与地球物理联合会(IUGG)推荐的第三个椭球体作为参考椭球体，将大地原点选定在我国中部的陕西省泾阳县永乐镇，椭球短轴平行于地球质心指向我国定义的地极原点 JYD 1968.0 方向，起始大地子午面平行于我国的起始天文子午面，由此建立了我国新的 1980 年国家大地坐标系，简称 1980 西安坐标系。该坐标系建立后，对全国的天文大地控制网进行了整体平差解算。

三、2000 国家大地坐标系

由于卫星大地测量在测绘工作中的广泛应用，参心坐标系越来越不能适应现代测绘的要求，因此，我国于 2008 年 7 月 1 日正式启用了 2000 国家大地坐标系(China Geodetic Coordinate System 2000，CGCS 2000)。该坐标系采用的椭球与 GPS 的 WGS－84 椭球近似，椭球中心即坐标系原点与地球质心重合，Z 轴由原点指向历元 2000.0 的地球参考极方向，该历元的指向由国际时间局给定的历元为 1984.0 的初始指向推算，X 轴由原点指向格林尼治参考子午线与地球的赤道面(历元 2000.0)的交点，Y 轴与 Z 轴、X 轴构成右手正交坐标系。

子任务五　高程系统

任务指南

本任务主要是根据学生的学习特点，由浅入深、由简单到复杂地将高程系统的结构细致地呈现出来，主要采用学生自主探究、教师精讲点拨、试题演练等方式巩固知识点。

测量依据

《国家三、四等水准测量规范》(GB/T 12898—2009)、《城市轨道交通工程测量规范》(GB/T 50308—2017)、《国家一、二等水准测量规范》(GB/T 12897—2006)、《工程测量标准》(GB 50026—2020)。

任务目标

知识目标：掌握高程的概念。

能力目标：能根据任务要求区分我国使用的高程系统。

素质目标：培养工匠精神。

任务重难点

重点：正高、正常高和大地高的概念。

难点：三大高程的区别。

知识储备

地面上一点沿着铅垂线到大地水准面的铅垂距离称为正高；地面上一点沿着铅垂线到似大地水准面的铅垂距离称为正常高；地面上一点沿着法线到椭球面的距离称为大地高。

任务实施

一般的测量工作都以大地水准面作为高程起算的基准面。因此，地面任一点沿铅垂线方向到大地水准面的距离就称为该点的绝对高程或海拔，简称高程，用 H 表示。如图 1-11 所示，H_A、H_B 分别表示地面上 A、B 两点的高程。我国原以 1950—1956 年青岛验潮站多年记录的黄海平均海水面作为我国的大地水准面，由此建立的高程系统称为 1956 黄海高程系。

精讲点拨：地面点高程系统

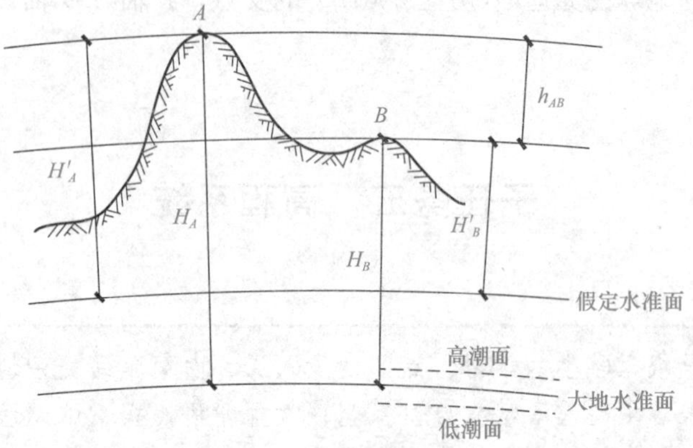

图 1-11　地面点的高程

为了明显而稳固地表示高程基准面的位置，在青岛市观象山公园的观象山顶建立了一个与黄海平均海水面相联系的水准点，这个水准点称为水准原点，如图 1-12 所示。通过精密水准测量的方法测出该原点高出黄海平均海水面 72.289 m，水准原点是推算国家高程控制点高程的起算点。1985 年，国家测绘局又根据青岛验潮站 1952—1979 年的验潮资料重新计算确定了黄海平均海水面位置，测得水准原点的高程为 72.260 m，依此建立的高程系统称为 1985 国家高程基准，并于 1987 年 5 月正式开始启用。

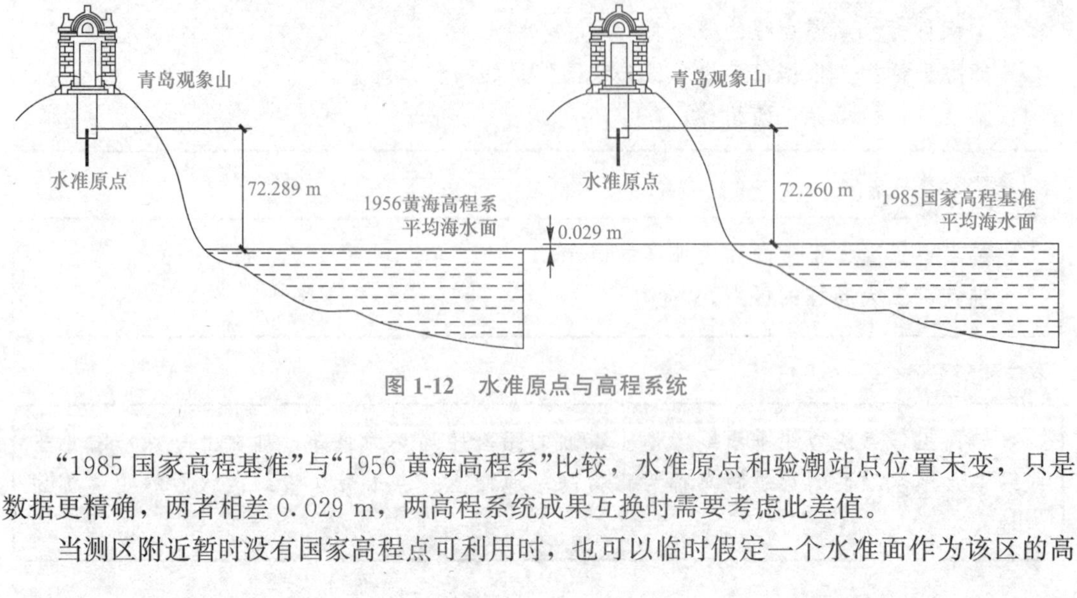

图 1-12　水准原点与高程系统

“1985 国家高程基准”与“1956 黄海高程系”比较，水准原点和验潮站点位置未变，只是数据更精确，两者相差 0.029 m，两高程系统成果互换时需要考虑此差值。

当测区附近暂时没有国家高程点可利用时，也可以临时假定一个水准面作为该区的高程起算面。地面点沿铅垂线至假定水准面的距离，称为该点的相对高程或假定高程。如图 1-11 所示，H_A、H_B 分别为地面上 A、B 两点的假定高程。

地面上两点之间的高程之差称为高差，用 h 表示。例如，A 点至 B 点的高差可写成

$$h_{AB}=H_B-H_A=H'_B-H'_A \tag{1-6}$$

由式(1-6)可知，高差有正、有负，并用下标注明其方向。土木建筑工程中又将绝对高程或相对高程统称为标高。

任务四 水平面代替水准面的限度

子任务一 水准面的曲率对水平距离的影响

任务指南

本任务主要是围绕水平面代替水准面的限度，测定水平面代替水准面的影响，如图 1-13 所示。

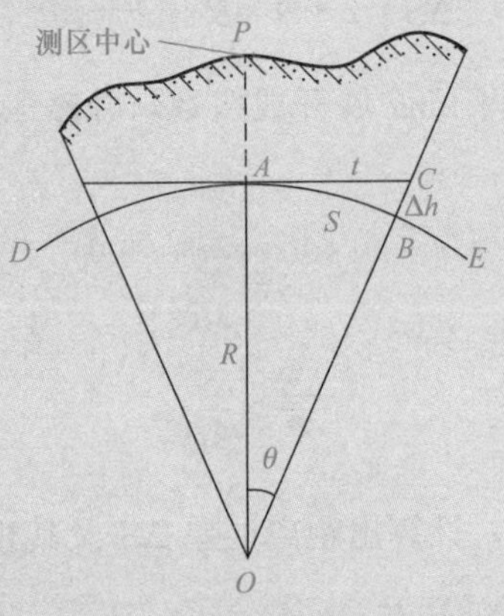

图 1-13 水平面代替水准面的影响

测量依据

《国家三、四等水准测量规范》(GB/T 12898—2009)、《城市轨道交通工程测量规范》(GB/T 50308—2017)、《国家一、二等水准测量规范》(GB/T 12897—2006)、《工程测量标准》(GB 50026—2020)。

任务目标

知识目标：掌握水准面最基本的定义。

能力目标：能根据任务要求掌握水准面的曲率对水平距离的影响。

素质目标：培养分析问题、解决问题的能力。

任务重难点

重点：水准面的曲率对水平距离的影响。
难点：地球曲率对高程的影响。

知识储备

在一定的测量精度要求及测区范围不大的情况下，可以用水平面直接代替水准面，但这必定会影响距离、角度和高程的测量精度。

任务实施

如图 1-13 所示，设 DAE 为水准面，AB 为其上的一段圆弧，长度为 S，其所对圆心角为 θ，将大地水准面假设为一个半径为 R 的圆球面。自 A 点作切线 AC，设长度为 t，如果用切于 A 点的水平面代替水准面，即以相应的切线段 AC 代替圆弧 AB，则对距离将产生误差 ΔS，由图可得

$$\Delta S = t - S = R\tan\theta - R\theta \tag{1-7}$$

因 θ 角值一般较小，故可将 $\tan\theta$ 展开成级数，并略去 5 次以上各项后以 $\theta = \frac{S}{R}$ 代入，经整理后得

$$\Delta S = \frac{S^3}{3R^2} \tag{1-8}$$

$$\frac{\Delta S}{S} = \frac{S^2}{3R^2} \tag{1-9}$$

以不同的 S 值代入式(1-7)，计算出距离误差 ΔS 及其相对误差 $\frac{\Delta S}{S}$ 列于表 1-2 中。

表 1-2　水平面代替水准面的距离误差及其相对误差

距离 S/km	距离误差 ΔS/cm	相对误差 $\frac{\Delta S}{S}$
10	0.8	1/1 220 000
25	12.8	1/200 000
50	102.7	1/49 000
100	821.2	1/12 000

由表 1-2 可知，当水平距离为 10 km 时，以水平面代替水准面所产生的距离误差为距离的 1/1 220 000，这样小的误差，即使精密量距，也是允许的。因此，在半径为 10 km 的圆面积内进行距离测量时，可以用水平面代替水准面，而不必考虑地球曲率对距离的影响，误差可忽略不计。

子任务二　水准面的曲率对水平角度的影响

任务指南

本任务主要是围绕水平面代替水准面的限度，测定水平面代替水准面的影响如图 1-13 所示。

测量依据

《国家三、四等水准测量规范》(GB/T 12898—2009)、《城市轨道交通工程测量规范》(GB/T 50308—2017)、《国家一、二等水准测量规范》(GB/T 12897—2006)、《工程测量标准》(GB 50026—2020)。

任务目标

知识目标：掌握水准面最基本的原理。

能力目标：能根据任务要求掌握水准面的曲率对水平角度的影响。

素质目标：培养分析问题、解决问题的能力。

任务重难点

重点：水准面曲率对水平角度的影响。

难点：地球曲率对高程的影响。

知识储备

对于面积在 300 km^2 以内的多边形，地球曲率对水平角度的影响很小，只有在最精密的测量中才需要考虑，一般的测量工作是不必考虑的。

任务实施

由球面三角学可知，同一个空间多边形在球面上投影的各内角之和，较其在平面上投影的各内角之和大一个球面角超 ε 值。其计算公式为

$$\varepsilon=\frac{P}{R^2}\cdot\rho'' \tag{1-10}$$

式中　P——球面多边形的面积；

R——地球半径；

ρ''——一弧秒的秒值，$\rho''=206\ 065''$。

在测量工作中，实测的是球面面积，绘制成图时则绘成平面图形的面积。由式(1-10)可知，只要知道球面面积 P，就可计算出 ε 值。ε 值就是用水平面代替水准面时的多边形角度误差之和。其影响见表 1-3。

表 1-3　水平面代替水准面的角度误差

面积 P/km^2	10	100	300	500	1 000
角度误差 $\varepsilon/''$	0.05	0.51	1.52	2.54	5.08

由表 1-3 中的数值可以看出，对于面积为 100 km² 以内的多边形，用水平面代替水准面所产生的角度影响只有在最精密的测量中才需要考虑，一般的测量工作是不必考虑的；当测量精度要求较低时，这个范围还可以扩大。

子任务三　水准面的曲率对高差的影响

任务指南

本任务主要是围绕水平面代替水准面的限度，测定水平面代替水准面的影响，如图 1-13 所示。

测量依据

《国家三、四等水准测量规范》(GB/T 12898—2009)、《城市轨道交通工程测量规范》(GB/T 50308—2017)、《国家一、二等水准测量规范》(GB/T 12897—2006)、《工程测量标准》(GB 50026—2020)。

任务目标

知识目标：掌握水准面最基本的原理。

能力目标：能根据任务要求掌握水准面的曲率对高差的影响。

素质目标：培养分析问题、解决问题的能力。

任务重难点

重点：水准面曲率对高差的影响。

难点：水准面曲率对高差影响的公式推导。

知识储备

地形图的比例尺不同，在地形图上表示地物、地貌的详细程度和精度也不同。测图比例尺越大，就越能表现出地面的详细情况，但测图所需的工作量也越大。

任务实施

由图 1-13 可知

$$\Delta h = OC - OB = R\sec\theta - R = R(\sec\theta - 1) \tag{1-11}$$

将 $\sec\theta$ 按三角函数展开并略去高次项后有

$$\sec\theta=1+\frac{1}{2}\theta^2+\frac{5}{24}\theta^4+\cdots\approx1+\frac{1}{2}\theta^2 \tag{1-12}$$

将式(1-12)代入式(1-11)得

$$\Delta h=R\cdot\frac{1}{2}\theta^2=\frac{S^2}{2R} \tag{1-13}$$

用不同的距离代入式(1-13)，可得表 1-4 所列结果。

表 1-4　水平面代替水准面引起的高差误差

距离 S/km	0.1	0.2	0.3	0.4	0.5	1	2	5	10
Δh/mm	0.8	3	7	13	20	80	310	1 960	7 850

由表 1-4 可知，用水平面代替水准面作为高程起算面，即使在很短的距离内，对高差的影响也是很大的。因此，高程的起算面不能用水平面代替，必须使用水准面作为高程起算面。

任务五　测量工作概述

子任务一　测量的基本工作

任务指南

本任务主要是根据学生的学习特点，由浅入深、由简单到复杂地描述测量的基本工作，主要采用学生自主探究、教师精讲点拨、试题演练等方式巩固知识点。

测量依据

《国家三、四等水准测量规范》(GB/T 12898—2009)、《城市轨道交通工程测量规范》(GB/T 50308—2017)、《国家一、二等水准测量规范》(GB/T 12897—2006)、《工程测量标准》(GB 50026—2020)。

任务目标

知识目标：掌握测量的基本工作。

能力目标：能根据任务要求理解测量的基本工作。

素质目标：培养自主探究能力。

任务重难点

重点：测量的基本原理。

难点：水平距离、水平角、高差。

知识储备

水平距离和水平角是确定地面点平面位置的基本要素，高差是确定地面点高程的基本要素。距离测量、角度(方向)测量和高程(高差)测量就是测量的基本工作。

任务实施

如图 1-14 所示，A、B、C、D、E 为地面上高低不同的一系列点，它们构成空间多边形 $ABCDE$，图下方为水平面，从 A、B、C、D、E 分别向水平面作铅垂线，这些垂线的垂足在水平面上构成多边形 $abcde$，水平面上各点就是空间相应各点的正射投影；水平面上多边形的各边就是各空间斜边的正射投影；水平面上相邻两边构成的水平角就是包含空间两斜边的两面角在水平面上的投影。地形图是将地面点正射投影到水平面上后再按一定的比例缩绘至图纸上而成的。由此看出，地形图上各点之间的相对位置是由水平距离 D、水平角 β 和高差 h 决定的，若已知其中一点的坐标(x，y)和过该点的标准方向及该点高程 H，则可借助 D、β 和 h 将其他点的坐标和高程算出。

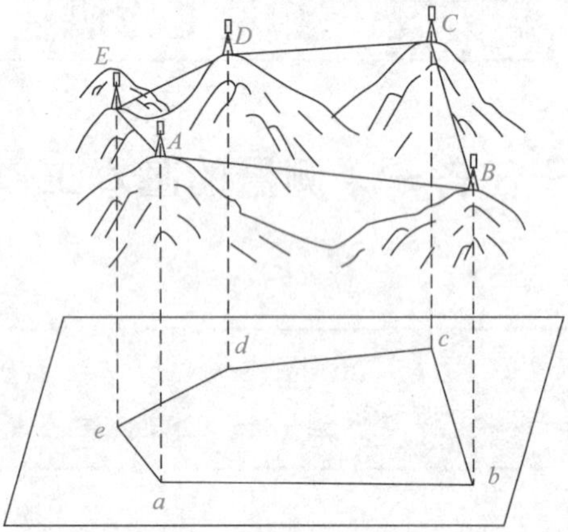

图 1-14　地形图正射投影

子任务二　测量工作的原则

任务指南

本任务主要是根据学生的学习特点，由浅入深、由简单到复杂地描述测量工作原则，主要采用学生自主探究、教师精讲点拨、学生游戏等方式巩固知识点。

测量依据

《国家三、四等水准测量规范》(GB/T 12898—2009)、《城市轨道交通工程测量规范》(GB/T 50308—2017)、《国家一、二等水准测量规范》(GB/T 12897—2006)、《工程测量标准》(GB 50026—2020)。

任务目标

知识目标：掌握测量工作的原则。

能力目标：能根据任务要求了解测量工作的原则。

素质目标：培养规范操作的意识。

任务重难点

重点：了解控制网控制点内业、外业的概念。

难点："从整体到局部""先控制后碎部""从高级到低级"的原则。

知识储备

测量的基本原则包括三部分：测量工作的组织原则、测量工作的操作原则和测量工作的三要素，总结为三句话：从整体到局部，先控制测量在碎部测量，从高级到低级。

任务实施

测量工作不能一开始就测量碎部点，而是先在测区内统一选择一些起控制作用的点，将它们的平面位置和高程精确地测量计算出来，这些点被称为控制点，由控制点构成的几何图形称为控制网，再根据这些控制点分别测量各自周围的碎部点，进而拼接绘制成一幅完整的地形图。

图 1-15 所示的多边形 *ABCDEF* 就是该测区的控制网。这种先建控制网，然后以控制网(点)为基础再进行碎部测量的工作程序，是测量工作必须遵循的一条基本原则，习惯上称作"从整体到局部""先控制后碎部"的原则；在测量精度上则遵循"从高级到低级"的原则。这些原则对工程测量的施工放样同样适用。

在测量工作中，有些是在野外使用测量仪器获取数据，称为外业；有些是在室内进行数据处理或绘图，称为内业。无论是内业还是外业，为防止错误的发生，工作中必须步步"检核"。

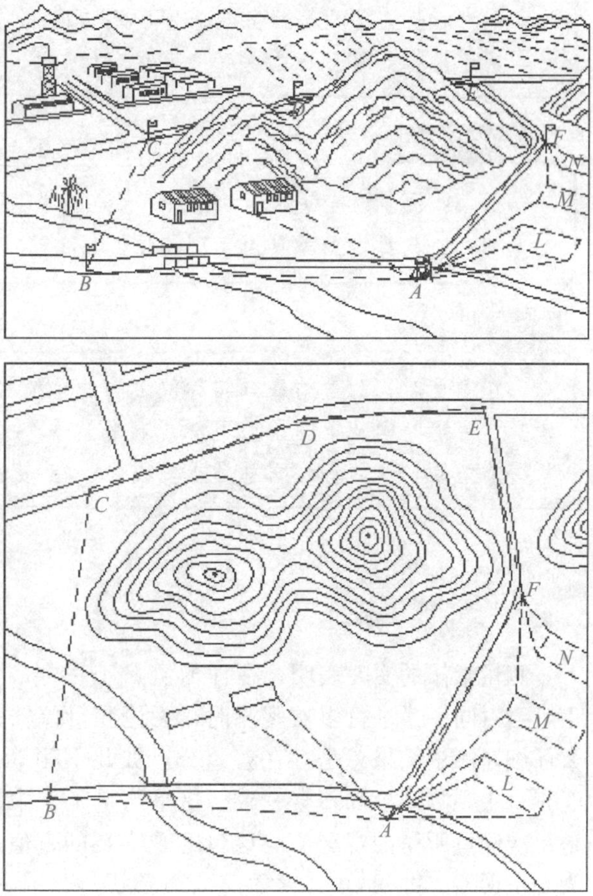

图 1-15　控制测量与碎部测量

任务六　测量误差

子任务一　测量误差的定义

任务指南

本任务主要是围绕测量误差的基本知识进行学习，要明确测量误差的基本内容。

测量依据

《中华人民共和国测绘法》。

任务目标

知识目标：掌握水准测量误差最基本的原理，认识误差。

能力目标：能根据任务要求理解测量误差。

素质目标：培养自主探究能力。

任务重难点

重点：测量误差定义。

难点：测量误差＝真值－观测值。

知识储备

在测量时，测量结果与实际值之间的差值称为误差。真实值(真值)是客观存在的，也是在一定时间及空间条件下体现事物的真实数值，但很难确切表达。测量值是测量所得的结果。这两者之间总是或多或少存在一定的差异，就是测量误差。

任务实施

测量工作的实践表明，在任何测量工作中，无论是测角、测高差或量距，当对同一量进行多次观测时，无论测量仪器多么精密，观测进行得多么仔细，测量结果总是存在着差异，彼此不相等。例如，反复观测某一角度，每次观测结果都不会一致，这是测量工作中普遍存在的现象，其实质是每次测量所得的观测值与该量客观存在的真值之间的差值，这种差值称为测量误差。即

精讲点拨：测量误差

$$测量误差=观测值-真值$$

用 Δ 表示测量误差，X 表示真值，l 表示观测值，则测量误差可用下式表示：

$$\Delta=l-X$$

子任务二　测量误差的来源

任务指南

本任务主要是学习并明确测量误差的来源，通过学生自主探究、教师精讲点拨解决教学重点、难点。

测量依据

《中华人民共和国测绘法》。

任务目标

知识目标：学习并明确测量误差的来源。

能力目标：能根据任务要求描述测量误差的来源。

素质目标：培养自主探究能力。

任务重难点

重点：测量误差产生的因素。

难点：测量误差产生的原因。

知识储备

误差的来源主要包括三部分，第一部分是人为误差，第二部分是仪器误差，第三部分是自然环境的影响。

任务实施

仪器精度的有限性是指测量中使用的仪器和工具不可能十分完善，致使测量结果产生误差。例如，使用普通水准尺进行水准测量时，最小分划为 5 mm，就难以保证毫米数的完全正确性。经纬仪、水准仪检校不完善产生的残余误差影响，如水准仪视准轴部平行于水准管轴，水准尺的分划误差等。这些都会使观测结果含有误差。

观测者感觉器官鉴别能力的局限性；会对测量结果产生一定的影响，如对中误差、观测者估读小数误差、瞄准目标误差等。

在观测过程中，外界条件的不定性，如温度、阳光、风等都时刻发生变化，必将对观测结果产生影响，如温度变化使钢尺产生伸缩，阳光照射会使仪器发生微小变化，较阴的天气会使目标不清楚等。

通常把以上三种因素综合起来称为观测条件。观测条件好，观测中产生的误差就会小；反之，观测条件差，观测中产生的误差就会大。但是无论观测条件如何，受上述因素的影响，测量中存在误差是不可避免的。应该指出，误差与粗差是不同的，粗差是指观测结果中出现的错误，如测错、读错、记错等，不允许存在，为杜绝粗差，除加强作业人员的责任心、提高操作技术外，还应采取必要的检校措施。

子任务三　测量误差的分类

任务指南

本任务主要是学习并明确测量误差的分类。

测量依据

《中华人民共和国测绘法》。

任务目标

知识目标：认识测量误差的分类。

能力目标：能根据任务要求进行测量误差的分类。

素质目标：培养自主探究能力。

任务重难点

重点：测量误差的几种分类。

难点：偶然误差和系统误差的区别。

知识储备

测量误差按其性质不同可分为系统误差和偶然误差。

任务实施

一、系统误差

在相同的观测条件下，对某量进行一系列观测，若出现的误差在数值大小或符号上保持不变或按一定的规律变化，这种误差称为系统误差。例如，用名义长度为 30 m，而实际长度为 30.004 m 的钢尺量距，每测量一尺就有 0.004 m 的系统误差，它就是一个常数。又如在水准测量中，视准轴与水准管轴不能严格平行，存在一个微小夹角 i，i 角一定时在尺上的读数随视线长度成比例变化，但大小和符号总是保持一致性。

系统误差具有累计性，对测量结果影响甚大，但它的大小和符号有一定的规律，可以通过计算或观测方法加以消除，或者最大限度地减小其影响。例如，尺长误差可以通过尺长改正加以消除，水准测量中的 i 角误差可以通过前后视线等长消除其对高差的影响。

二、偶然误差

在相同的观测条件下，对某量进行一系列观测，如出现的误差在数值大小和符号上均不一致，且从表面看没有任何规律性，这种误差称为偶然误差。例如，水准标尺上毫米数的估读有时偏大，有时偏小。由于大气的能见度和人眼的分辨能力等因素使照准目标有时偏左，有时偏右。

偶然误差也称为随机误差，其符号和大小在表面上无规律可循，找不到予以完全消除的方法，因此须对其进行研究。因为在表面上是偶然性在起作用，实际上却始终是受其内部隐蔽着的规律所支配，问题是如何把这种隐蔽的规律揭示出来。

偶然误差的特性如下：

(1)在一定的条件下，偶然误差的绝对值不会超过一定的限度。

(2)绝对值小的误差比绝对值大的误差出现的机会多。

(3)绝对值相等的正负误差出现的机会相等。

(4)偶然误差的算术平均值趋近于零，即 $\lim\limits_{n\to\infty}\frac{[\Delta]}{n}=0$。

(5)误差产生的原因。

1)仪器设备的原因。

2)观测者的原因。

3)外界条件的原因。

项目总结

本项目主要是测量基础知识，了解测量学的概念及发展史，掌握测量的基本任务——测设和测定，了解测量的坐标系，其中包括地理坐标系、地心坐标系和平面坐标系等，了解测量学的最基本术语，如水准面、大地水准面、铅垂线、椭球面等，为后续学习水准测量打好基础。

温故知新

1. 解释下列名词：高程、高斯投影、大地坐标系、正常高、测设。
2. 简述偶然误差和系统误差的区别与联系。
3. 测量工作的原则是什么？
4. 测量上的平面直角坐标系和数学上的平面直角坐标系有什么区别？

参考答案

学有余力

我国大地坐标系的历程。

项目二　水准测量

项目描述

要确定地面点的空间位置，必须测定地面点的高程，水准测量是高程测量中最基本、最常用、精度较高的一种方法，其在工程建设、道路勘测、国家高程控制测量中被广泛使用。本项目主要包括水准测量原理和仪器、普通水准测量、水准仪的检校、水准测量的误差和自动安平水准仪五大任务内容。

任务一　水准测量原理和仪器

子任务一　水准测量原理

任务指南

本任务主要围绕××建筑施工项目，测定道路相邻水准点间的高差。首先要明确水准测量的基本原理，然后会使用水准仪进行测量，得出特征点之间的高差。

测量依据

《国家三、四等水准测量规范》(GB/T 12898—2009)、《城市轨道交通工程测量规范》(GB/T 50308—2017)、《国家一、二等水准测量规范》(GB/T 12897—2006)、《工程测量标准》(GB 50026—2020)。

任务目标

知识目标：掌握水准测量最基本的原理，认识水准仪的构造。

能力目标：能根据任务要求绘制水准测量原理图、操作水准仪。

素质目标：培养精益求精的态度。

任务重难点

重点：水准测量的基本原理。

难点：视线高和仪器高。

知识储备

水准测量的原理：利用水准仪提供的一条水平视线，分别读出地面上两个点所立水准尺的读数，由此计算两点的高差，根据测得的高差再由已知点的高程推算未知点的高程。

任务实施

精讲点拨：水准测量原理

如图 2-1 所示，已知地面点 A 的高程，现求得 B 点的高程，原理如下：需要分别在 A 点和 B 点上竖立尺子，在 A、B 两点大约中间的位置安置水准仪，利用水准仪提供的一条水平视线，读取 A 点和 B 点尺子的读数 a、b，则 B 点相对于 A 点的高差为

$$h_{AB}=a-b \tag{2-1}$$

(1)高差法：B 点的高程为

$$H_B=H_A+(a-b) \tag{2-2}$$

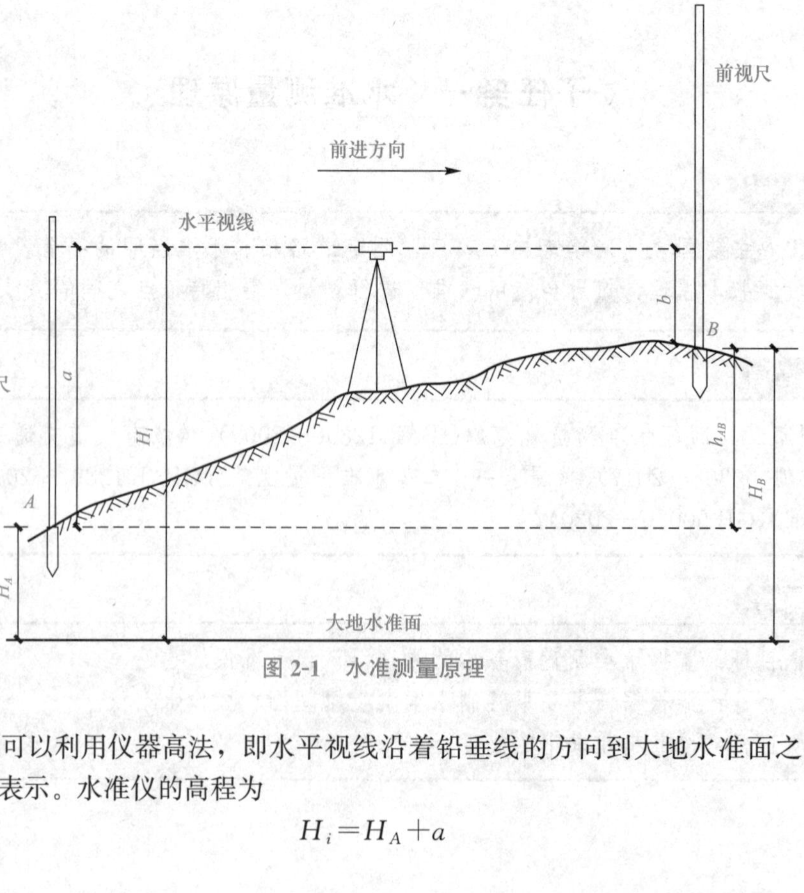

图 2-1　水准测量原理

同时，也可以利用仪器高法，即水平视线沿着铅垂线的方向到大地水准面之间的铅垂距离，用 H_i 表示。水准仪的高程为

$$H_i=H_A+a$$

(2)仪器高法：B 点高程为

$$H_B=H_i-b$$

(3)两者的适用条件：高差法用来完成测绘任务，适用于高程的联标测量；仪器高法用来完成测设任务，适用于地面上定位点的高程放样。必须注意，两者的公式表达式不同，并深刻理解。从公式的角度看，测量和放样在完成任务的目的上的区别：测量是求得某点的高程；放样是求得某点的尺度数。

水准测量的相关概念如下：

(1)后视点及后视读数：某一测站上已知高程的点，称为后视点，在后视点上的尺读数称为后视读数，用 a 表示。

(2)前视点及前视读数：某一测站上高程待测的点，称为前视点，在前视点上的读数称为前视读数，用 b 表示。

(3)转点：在连续水准测量中，用来传递高程的点，称为转点。其上既有前视读数，又有后视读数。

(4)间视点：在测量过程中，临时用来检查某一点的高程而在其上立尺所测的只有前视读数的点称为间视点，属于前视点的一个类型。其数据不能用来进行计算校核，常在抄平中使用。

子任务二　连续水准测量

任务指南

本任务主要围绕××建筑施工项目，测定道路相邻水准点间的高差。在已明确水准测量原理的基础上，继续探索连续水准测量施测步骤，得出路线的高差。

测量依据

《国家三、四等水准测量规范》(GB/T 12898—2009)、《城市轨道交通工程测量规范》(GB/T 50308—2017)、《国家一、二等水准测量规范》(GB/T 12897—2006)、《工程测量标准》(GB 50026—2020)。

任务目标

知识目标：掌握连续水准测量施测方法。

能力目标：能根据任务要求描述连续水准测量步骤。

素质目标：培养科技自信和文化自信。

任务重难点

重点：连续水准测量的施测方法。

难点：高精度连续水准测量。

知识储备

连续水准测量：联标。

任务实施

如图 2-2 所示，在 A、B 两点间高差较大或相距较远安置一次水准仪不能测定两点之间的高差时使用。此时有必要沿 A、B 两点的水准路线增设若干个必要的临时立尺点，即转点(用于传递高程)。根据水准测量的原理依次连续地在两个立尺中间安置水准仪来测定相邻各点间高差，求和得到 A、B 两点间的高差值。

$$h_1=a_1-b_1$$
$$h_2=a_2-b_2$$

则

$$h_{AB}=h_1+h_2+\cdots+h_n=\sum h=\sum a-\sum b \tag{2-3}$$

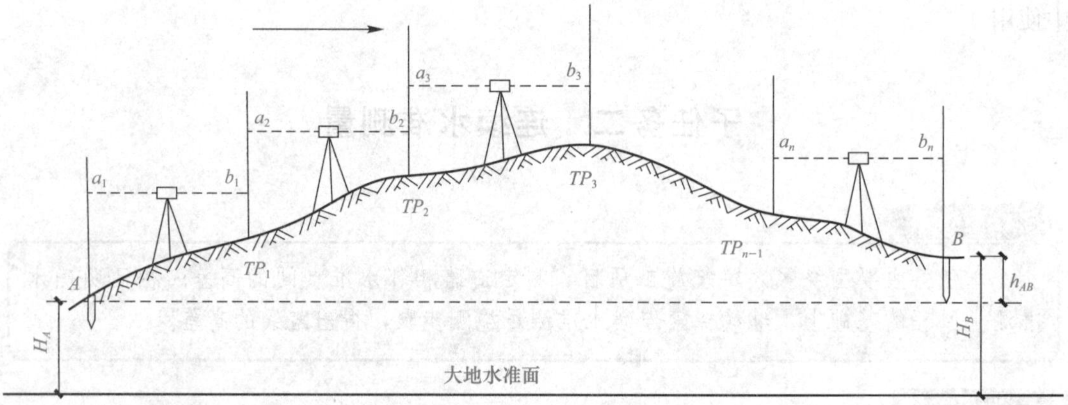

图 2-2　连续水准测量

子任务三　水准仪的构造

任务指南

本任务主要围绕××建筑施工项目，测定道路相邻水准点间的高差。需要熟练掌握水准仪的构造。

测量依据

《国家三、四等水准测量规范》(GB/T 12898—2009)、《城市轨道交通工程测量规范》(GB/T 50308—2017)、《国家一、二等水准测量规范》(GB/T 12897—2006)、《工程测量标准》(GB 50026—2020)。

任务目标

知识目标：认识水准仪的构造。
能力目标：能根据任务要求说出水准仪的基本构造。
素质目标：培养勤动脑、爱动手的习惯。

任务重难点

重点：水准仪的认识。
难点：水准仪结构的功能。

知识储备

水准仪的发展历程。

任务实施

水准仪主要由望远镜、水准器和基座等组成，如图 2-3 所示。

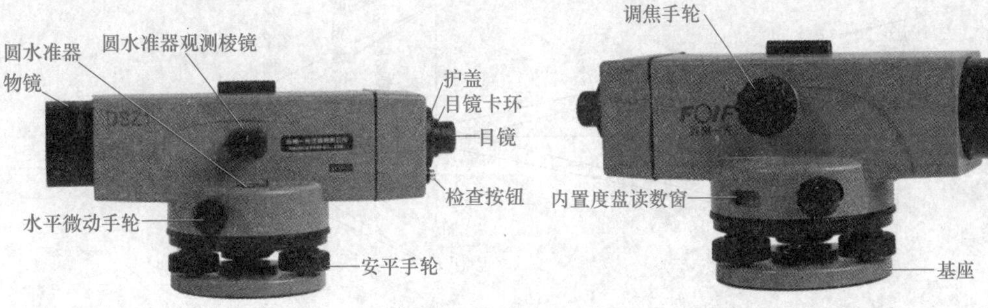

图 2-3　DS3 型水准仪

一、基座

基座呈三角形，由轴座、脚螺旋和连接板组成。仪器上部通过竖轴插在轴套内，由基座承托。脚螺旋用来调整圆水准器。整个仪器通过连接板、中心螺旋与三脚架连接。

精讲点拨：水准仪

二、望远镜

望远镜由物镜、目镜、十字丝分划板和对光透镜(内对光式)组成(图 2-4)。

(1)物镜。物镜的作用是将远处的目标成像在十字丝分划板上，形成缩小而倒立的实像。

(2)目镜。目镜的作用是将物镜所形成的实像连同十字丝一起放大成虚像。

(3)十字丝分划板。十字丝分划板位于望远镜光学系统焦平面上的光学玻璃板，用以瞄准目标和读数，上面有一竖丝和三条横丝(中丝和两条视距丝)。

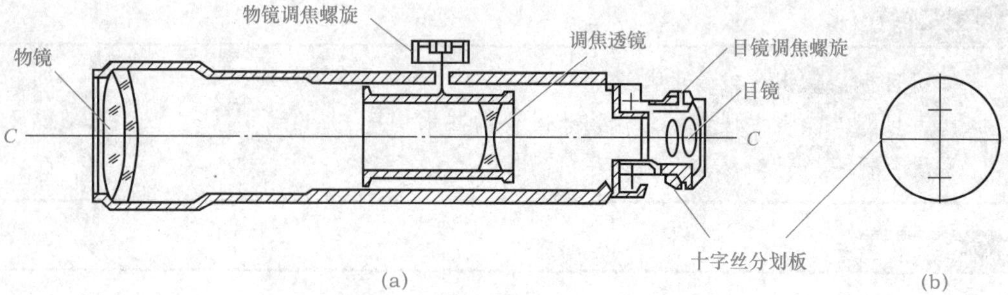

图 2-4　望远镜

(4)对光透镜。对光透镜的作用是使目标成像在十字丝分划板上。

望远镜的性能主要有放大率、视场角、分辨率和亮度。

望远镜的使用主要有对光和消除视差。

视差是指物镜对光后，眼睛在目镜端上、下微微移动时，十字丝和水准尺成像有相互移动的现象。

消除方法：仔细反复地调节目镜和物镜的对光螺旋，直到成像稳定。

望远镜成像原理如图 2-5 所示。

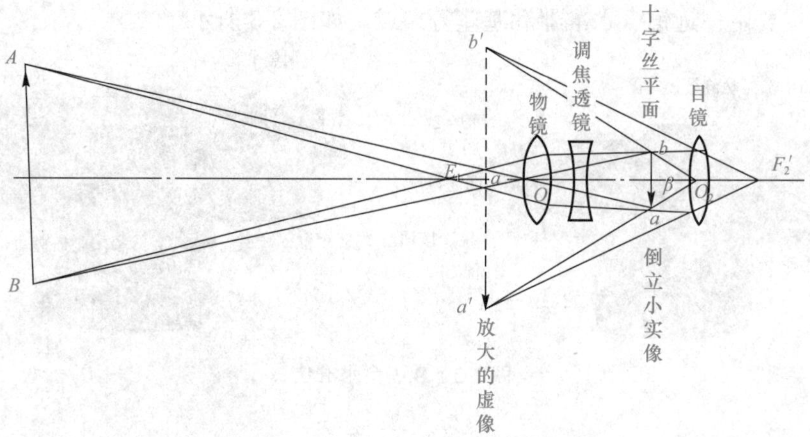

图 2-5　望远镜成像原理

三、水准器

水准器可分为圆水准器和管水准器。圆水准器用于使仪器竖轴处于铅垂位置；管水准器用于使视线精确水平。

四、水准管

(1)水准管轴：水准管圆弧的中点称为水准管的零点。过零点作圆弧的纵切线 LL 称为水准管轴。水准管的构造，如图 2-6 所示。

(2)符合棱镜：用于提高气泡的居中精度和便于观测，如图 2-7 所示。

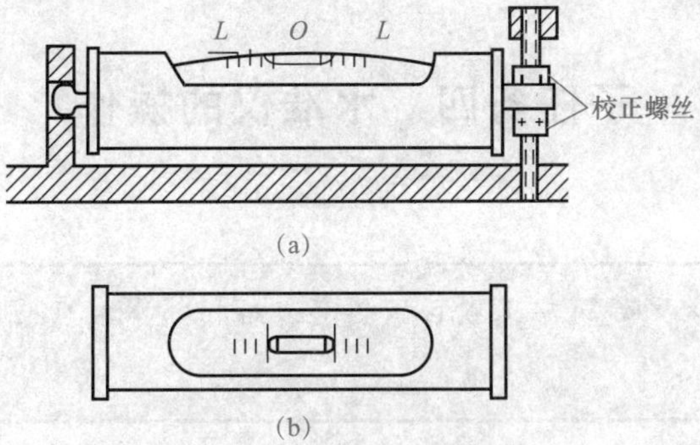

图 2-6 水准管的构造

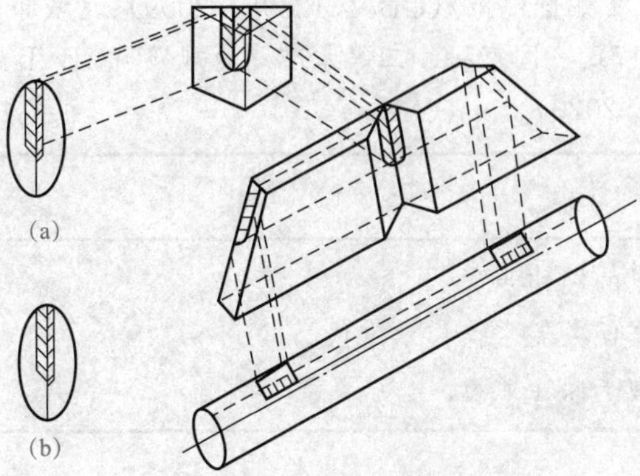

图 2-7 水准管与符合棱镜

(3)水准管分划值：水准管上 2 mm 弧长所对的圆心角。其可按下式计算：

$$\tau''=2\rho''/R$$

五、圆水准器

圆水准器如图 2-8 所示。

(1)圆水准轴：分划小圆周的中心为圆水准器的零点，过零点的球面法线。

(2)分划值大，灵敏度低，仅用于粗平。

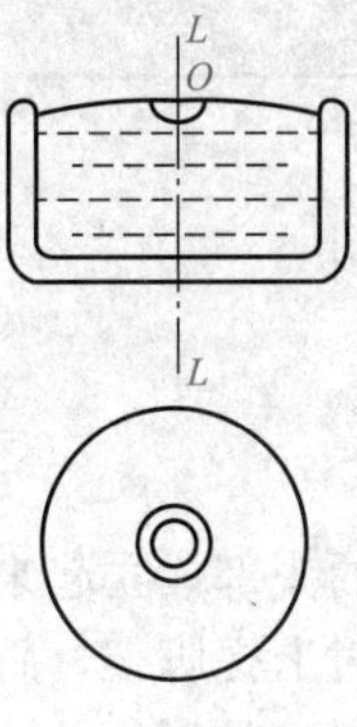

图 2-8 圆水准器

子任务四　水准仪的操作

任务指南

本任务主要围绕××建筑施工项目，测定道路相邻水准点间的高差。需要熟练掌握水准仪的操作步骤。

测量依据

《国家三、四等水准测量规范》(GB/T 12898—2009)、《城市轨道交通工程测量规范》(GB/T 50308—2017)、《国家一、二等水准测量规范》(GB/T 12897—2006)、《工程测量标准》(GB 50026—2020)。

任务目标

知识目标：水准仪的操作步骤。

能力目标：能根据任务要求操作水准仪。

素质目标：培养动手操作能力。

任务重难点

重点：水准仪的操作步骤。

难点：水准仪操作的注意事项。

知识储备

虚拟仿真：水准仪的操作。

虚拟仿真：水准仪的操作

任务实施

水准仪的使用可按以下几步。

(1)三脚架打开与安置。

1)提拉脚架，用右手抓住三脚架的头部，立起来，然后用左手顺时针拧开三脚架三个脚腿的固定螺栓。同时上提脚架，脚腿自然下滑。提至架头与自己的眼眉齐平为止。之后，逆时针拧紧螺旋，固定脚腿。注意，螺栓的拧紧程度不要过大，手感吃力即可。

实操实战：水准仪的使用

2)打开脚架：提拉完脚架之后，用两只手分别抓住两个架腿，向外侧掰拉，同时用脚推出另一个架腿，使脚架的落地点构成等边三角形，并保证架头大致水平。要求脚架的空当与两个立尺点相对，这样可以防止骑某个脚腿读数的情况出现。

(2)安置仪器。立好三脚架后，打开仪器箱取出仪器，将仪器的底座一侧接触架头，然后顺势放平仪器。旋紧底座固定螺旋。要求松紧适度。

(3)粗平。将仪器的圆气泡对准一个架腿测量，手提该架腿前后推拉脚腿，使气泡大致居中。气泡的运动方法为左右反向，前后同向。踩实架腿。

(4)精平。在粗平完成后，调节脚螺旋，使圆水准气泡严格居中，称为圆气泡的精平，如图 2-9 所示；旋动微倾螺旋，使长符合水准管的两个半气泡对齐，称为读数精平，如图 2-10 所示。

(5)瞄准水准尺。精确瞄准水准尺。

(6)读数。从小数向大数读，读四位。前两位从尺上直接读取，第三位查黑白格数，第四位估读。图 2-11 所示的读数为 1.259 m。

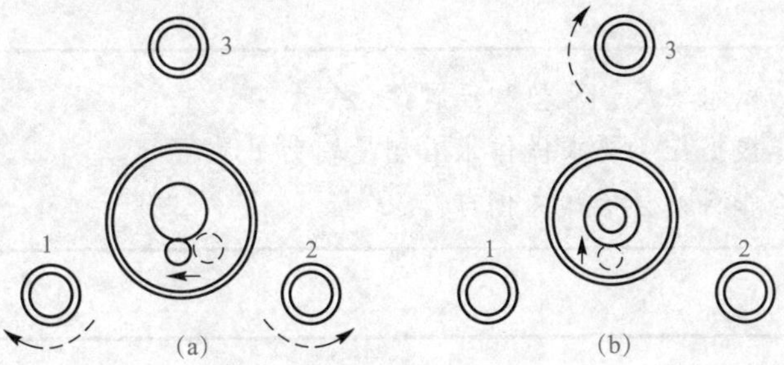

图 2-9　圆水准器整平

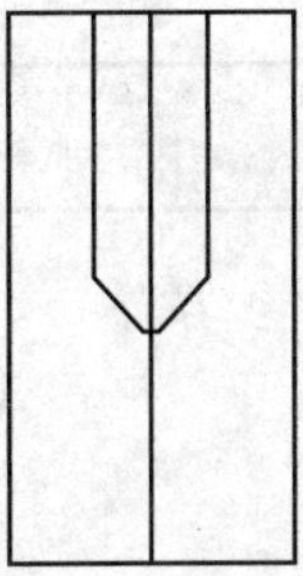

图 2-10　长水准器的气泡符合

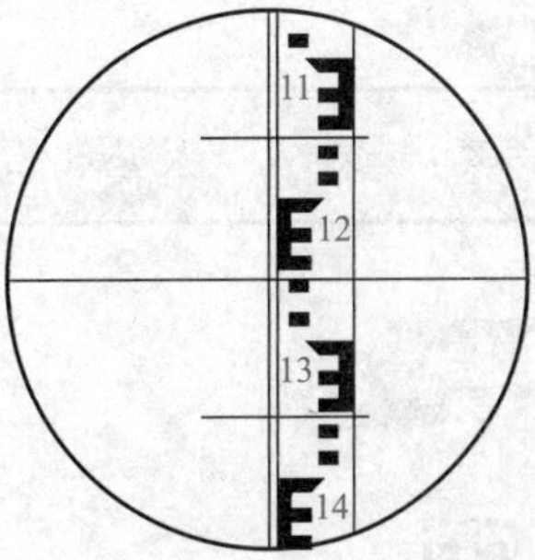

图 2-11　瞄准水准尺与读数

注意：

1)每次读数前都要精平；

2)按操作规程使用仪器；

3)制动螺旋与微动螺旋不能错用，旋转要轻巧；

4)仪器和工具要轻拿轻放；

5)不能坐在仪器箱上；

6)切忌手扶脚架进行观测。

以上的操作是针对 DS3 型微倾水准仪而言的。对自动安平水准仪省略了读数精平。

子任务五　水准测量辅助工具

任务指南

本任务主要围绕××建筑施工项目，测定道路相邻水准点间的高差。需熟练掌握水准测量辅助工具的操作步骤。

测量依据

《国家三、四等水准测量规范》(GB/T 12898—2009)、《城市轨道交通工程测量规范》(GB/T 50308—2017)、《国家一、二等水准测量规范》(GB/T 12897—2006)、《工程测量标准》(GB 50026—2020)。

任务目标

知识目标：认识水准尺、尺垫和三脚架。

能力目标：能根据任务要求操作水准测量辅助工具。

素质目标：培养科技自信和文化自信。

任务重难点

重点：水准测量辅助工具的认识。

难点：水准测量辅助工具操作的注意事项。

知识储备

虚拟仿真：水准尺、尺垫和三脚架的操作。

任务实施

一、水准尺

水准测量的重要工具与水准仪配合使用。其可分为精密水准尺和普通水准尺两种，尺长一般为 3～5 m；尺型有直尺、折尺、塔尺等；其分划为底部从零开始每间隔 1 cm，涂有黑白或黑红相间的分划，每分米注记数字。

双面尺可分为黑面尺和红面尺。以黑面尺为主尺，通常是 3 m 尺，底端从 0 开始注记；红面尺为辅尺，底端从 4.687 m 或 4.787 m 开始注记。

精讲点拨：水准尺、尺垫和三脚架

二、尺垫

尺垫与水准仪配合使用，在转点上使用。其作用是传递高程，防止水准尺下沉和转动改变位置。

三、三脚架

三脚架用于安放仪器。

任务二 普通水准测量

子任务一 水准测量实施

任务指南

本任务主要围绕××建筑施工项目，测定道路相邻水准点间的高差。首先需要明确水准测量的基本原理，然后会操作水准仪进行测量，得出特征点之间的高差。

测量依据

《国家三、四等水准测量规范》(GB/T 12898—2009)、《城市轨道交通工程测量规范》(GB/T 50308—2017)、《国家一、二等水准测量规范》(GB/T 12897—2006)、《工程测量标准》(GB 50026—2020)。

任务目标

知识目标：掌握水准测量路线的形式和实施步骤。

能力目标：能根据任务要求区分闭合水准路线、附合水准路线和支水准路线。

素质目标：培养规范操作的意识。

任务重难点

重点：水准测量的实施步骤。

难点：水准仪的规范操作。

知识储备

所谓普通水准测量，是指四等或等外水准测量。

精讲点拨：附合水准路线成果计算

1. 水准点

(1)概念。为了统一全国高程系统和满足科研、测图和国家建设的需要，测绘部门在全国各地埋设了许多固定的测量标志并用水准测量的方法测定了它们的高程，这些标志为水准点(Bench Mark，BM)。

(2)分类。

1)永久性水准点。建筑工地上的永久性水准点一般用混凝土制成，顶部嵌入半球状金属标志，如图 2-12 所示。

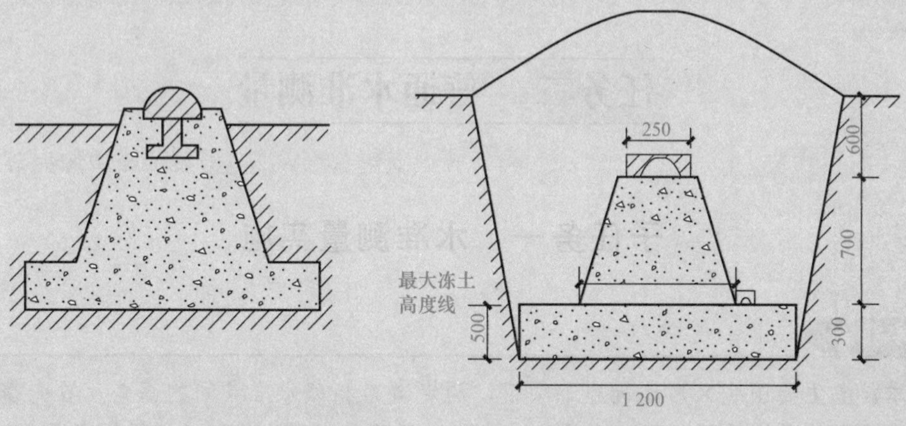

图 2-12　永久性水准点

2)临时性水准点。临时性水准点可用地面上凸出的坚硬岩石或用大木桩打入地下，桩顶钉一半球形钢钉。

2. 水准路线

(1)闭合水准路线。从一个已知水准点出发经过各待测水准点后又回到该已知水准点上的路线，称为闭合水准路线，如图 2-13 所示。

(2)附合水准路线。从一个已知水准点出发经过各待测水准点附合另一个已知水准点上的路线，称为附合水准路线，如图 2-14 所示。

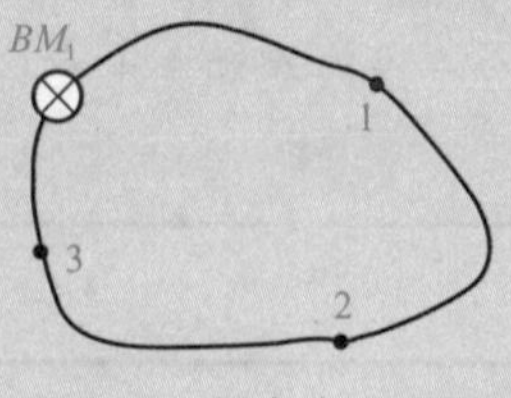

图 2-13　闭合水准路线

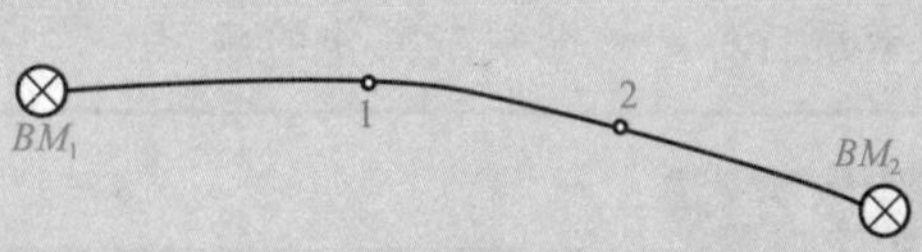

图 2-14　附合水准路线

(3)支水准路线。从一个已知水准点出发到某个待测水准点结束的路线，称为支水准路线。要往、返观测，需要比较往、返观测高差，如图 2-15 所示。

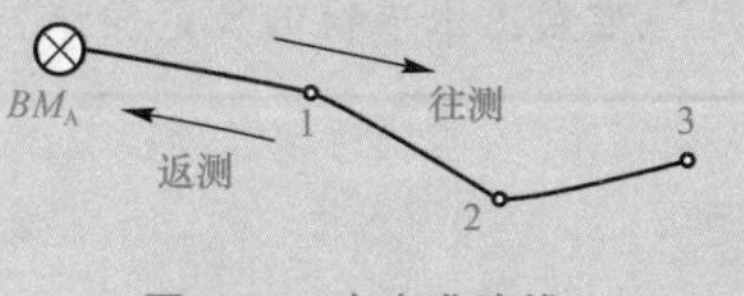

图 2-15　支水准路线

任务实施

水准测量的实施首先要具备以下几个条件：一是确定已知水准点的位置及其高程数据；二是确定水准路线的形式即施测方案；三是准备测量仪器和工具，如塔尺、记录表、计算器等，然后到现场进行测量。

精讲点拨：普通水准测量外业实施

连续水准测量的使用场合：若地面两点相距较远时，安置一次仪器就可以直接测定两点的高差。当地面上两点相距较远或高差较大时，安置一次仪器难以测得两点的高差，可以采用连续水准测量的方法进行。因此，必须依图 2-16 所示，在 A、B 两点之间增设若干个临时立尺点。将 A、B 分成若干个测段，逐段测出高差，最后由各段高差求和，得出 A、B 两点之间的高差。

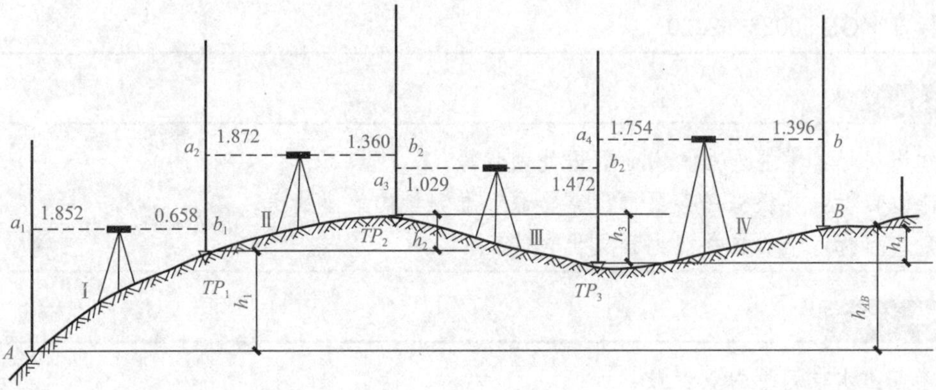

图 2-16 连续水准测量

连续水准测量的记录表格见表 2-1。填表时注意数字的填写位置正确，不能填写串行或串格。方法是边测边现场记录，分清点位。

表 2-1 水准测量记录表

测点	水准尺读数		高差		高程	备注
	后视	前视	“+”	“−”		
A	1.852				156.894	
ZD_1	1.672	0.658	1.194		158.088	
ZD_2	1.092	1.360	0.312		158.400	A 点的高程为 156.894
ZD_3	1.754	1.472		−0.38	158.020	
B		1.396	0.358		158.378	
$\sum$	6.37	4.886	1.484	−0.38		

子任务二　水准测量检校

任务指南

本任务主要是根据外业数据进行外业检校和内业处理，通过学生自主探究、教师精讲点拨和学生团结协作等方式解决教学重点、难点。

测量依据

《国家三、四等水准测量规范》(GB/T 12898—2009)、《城市轨道交通工程测量规范》(GB/T 50308—2017)、《国家一、二等水准测量规范》(GB/T 12897—2006)、《工程测量标准》(GB 50026—2020)。

任务目标

知识目标：掌握外业和内业数据处理步骤。

能力目标：能根据任务要求计算普通水准测量内外业数据。

素质目标：培养自学能力和文化自信。

任务重难点

重点：水准测量内业步骤。

难点：水准测量高差闭合差的分配。

知识储备

1. 路线校核

路线校核有闭合水准路线、附合水准路线和支水准路线校核。

2. 测站校核

检查一个测站的错误，一个测站只测一次高差，高差是否正确无法知道，对一个测站重复较差的测定。

实操实战：变换仪器高法测量

(1)变更仪器高法：在同一测站上，用不同的仪器高(相差 10 cm 以上)，将测得两次高差进行比较。当较差满足时，取其平均值作为该测段高差；否则，重新观测。

(2)双仪器法：用两台仪器同时观测，分别计算高差，合格后取均值。

(3)双面尺法：在每一测站上，用同一仪器高，分别在红、黑两个尺面上读数，然后比较黑面测得高差和红面测得高差，当较差满足时，取其平均值作为该测段高差；否则，重新观测。

注：观测顺序是黑、黑、红、红。

后红＝后黑＋K

前红＝前黑＋K

$h_{红}=h_{黑}$

任务实施

一、计算校核

计算校核是用计算高差的总和检验各站高差计算是否正确。

精讲点拨：水准测量路线检核

二、成果校核

成果校核是水准测量消除错误，提高最后成果精度的重要措施。由于测量误差的影响，使水准路线的实测效益与应有值不符，其差值称为闭合差。

闭合差＝观测值－理论值(真值、高精度值)

闭合：
$$f_h=\sum h_{测}-(H_{终}-H_{起})=\sum h_{测} \tag{2-4}$$

附合：
$$f_h=\sum h_{测}-(H_{终}-H_{起}) \tag{2-5}$$

支水准：
$$f_h=\sum h_{往}+\sum h_{返} \tag{2-6}$$

容许误差：计算所得高差闭合差 f 应在规定的容许范围内，认为精度合格，

$$f_{h容}=\begin{cases}\pm 40\sqrt{L}\ \text{mm(平地、}L\text{ 为路线长度，以 km 计)}\\ \pm 12\sqrt{n}\ \text{mm(山地，}n\text{ 为测站数)}\end{cases} \tag{2-7}$$

三、高差闭合差的调整与计算

通过高差闭合差的调整来改正观测高差所包含的误差，用改正后的高差计算高程。

改正原则：按测站数(或路线长度)成正比，反符号分配。

具体步骤如下：

(1)高差闭合差的计算公式为

$$f_h=\sum h_{测}=-0.020\ \text{m}$$

$$f_{k容}=\pm 12\sqrt{19}=\pm 52(\text{mm})$$

(2)高差闭合差的调整。按下式计算：

$$v=-\frac{f_h}{\sum n}=\frac{0.020}{19}=1(\text{mm})$$

(3)计算高程(表 2-2)。

表 2-2　高程测量记录表

测点	测站数	实测高差	改正数	改正高差	高程
1	8	1.234	0.009	1.243	200.000
2	6	0.345	0.006	0.351	
3	5	−1.599	0.005	−1.594	
1					
2	19	0.020	0.020	0	

任务三　水准仪的检校

子任务一　圆水准器轴平行于竖轴的检验

任务指南

本任务主要围绕××建筑施工项目，查明仪器各轴线是否满足应有的几何条件。

测量依据

《国家三、四等水准测量规范》(GB/T 12898—2009)、《城市轨道交通工程测量规范》(GB/T 50308—2017)、《国家一、二等水准测量规范》(GB/T 12897—2006)、《工程测量标准》(GB 50026—2020)。

任务目标

知识目标：掌握水准测量最基本的原理，认识水准仪的构造。

能力目标：能根据任务要求检验校正仪器。

素质目标：培养自主探究能力。

任务重难点

重点：检验步骤。

难点：校正原理。

知识储备

水准测量的原理是利用水准仪提供的一条水平视线，分别读出地面上两个点上所立水准尺上的读数，由此计算两点的高差，根据测得的高差再由已知点的高程推求未知点的高程。

任务实施

一、检验

调节脚螺旋使圆水准气泡居中，将仪器旋转 180°，如气泡的居中，则条件满足；否则，需要校正。

二、校正

调节脚螺旋，使气泡向中心退回偏离值的 1/2，用校正针拨动圆水准下面的校正螺旋，退回另一半。

三、校正原理

设 $L'L'//VV$，两者的交角为 α，当气泡居中时，$L'L'$ 处于铅垂方向，但 W 倾斜了一个 α 角，当 $L'L'$ 轴从Ⅰ位置绕 VV 保持 α 角旋转 180°至位置Ⅱ时，则 $L'L'$ 倾斜了 2α 角，校正时，只改正一个 α，即气泡退回偏离值的 1/2，使 $L'L'//VV$，另一半是 VV 倾斜 α 所造成的，调节脚螺旋。

子任务二　十字丝横丝的检校

任务指南

本任务主要围绕××建筑施工项目，掌握十字丝横丝的检校步骤。

测量依据

《国家三、四等水准测量规范》(GB/T 12898—2009)、《城市轨道交通工程测量规范》(GB/T 50308—2017)、《国家一、二等水准测量规范》(GB/T 12897—2006)、《工程测量标准》(GB 50026—2020)。

任务目标

知识目标：掌握十字丝横丝的检校步骤。

能力目标：能根据任务要求描述检校步骤。

素质目标：培养自主探究能力。

任务重难点

重点：检验仪器。

难点：校正仪器。

知识储备

连续水准测量：联标。

任务实施

一、检验

调平仪器，用十字型交点精确瞄准远处一清晰目标，固定水平制动螺旋，转动水平微动螺旋使望远镜左右移动，如目标点始终沿着十字丝横丝左右移动，则条件满足；否则，需要校正。

二、校正

放下目镜端十字丝环外罩，用螺钉旋具松开十字丝环的四个固定螺栓，转动十字丝环，至中丝水平，校正好后固定 4 个螺栓，旋上十字丝环护罩。

子任务三　*LL*//*CC* 的检校(*i* 角误差)

任务指南

本任务主要围绕××建筑施工项目，测定建筑物相邻特征点之间的高差。需要熟练掌握水准仪的构造。

测量依据

《国家三、四等水准测量规范》(GB/T 12898—2009)、《城市轨道交通工程测量规范》(GB/T 50308—2017)、《国家一、二等水准测量规范》(GB/T 12897—2006)、《工程测量标准》(GB 50026—2020)。

任务目标

知识目标：了解 *LL*//*CC* 的检校(*i* 角误差)。

能力目标：能根据任务要求说出检验细则。

素质目标：培养自主探究能力。

任务重难点

重点：检验过程。

难点：校正内容。

知识储备

水准仪的发展历程。

任务实施

一、检验

在相距 60～80 m 的平坦地面选择 A、B 两点，打下木桩或设置尺垫，AB 的中点 C 安置仪器，测得 A、B 两点的正确高差，将仪器搬至近尺端，读近尺读数 a，远尺读数 b 读，若

$$LL//CC(i=0) \quad b_{计}=a-h_{AB}$$
$$\Delta b=b_{读}-b_{计}$$

二、校正

$LL//CC$ 的原因在于水准管一端的校正螺丝不等高引起的，转动微倾螺旋，使十字丝横丝对准 B 尺上应读数 b 计，此时 CC 处于水平位置，但气泡偏离了中心，用校正针拨动水准管一端上下两个校正螺丝，升高或降低此端至气泡居中。

任务四　水准测量的误差

子任务一　仪器误差

任务指南

本任务主要围绕识别、分析仪器误差，并采取相应的措施进行控制，得出更具精准性和可靠性的结果。

测量依据

《国家三、四等水准测量规范》(GB/T 12898—2009)、《城市轨道交通工程测量规范》(GB/T 50308—2017)、《国家一、二等水准测量规范》(GB/T 12897—2006)、《工程测量标准》(GB 50026—2020)。

任务目标

知识目标：掌握仪器出现误差的原理。

能力目标：能根据任务要求解决仪器误差的问题。

素质目标：培养积极思考的能力。

任务重难点

重点：仪器出现误差的基本原理。
难点：消除仪器误差的措施。

知识储备

仪器误差涉及仪器制造、校准和使用过程中出现的各种因素。

任务实施

一、LL//CC 误差（i 角误差）

AB 间的正确高差为

$$h_{AB}=a'-b'=(a-X_a)-(b-X_b)=(a-b)-(X_a-X_b)$$
$$=(a-b)-\frac{i}{\rho''}(D_A-D_B)$$

其中。$X_A=\frac{i}{\rho''}D_A$，$X_B=\frac{i}{\rho''}D_B$。

当 $D_A=D_B$ 时，正确误差能得到消减；

$i\leqslant20''$时，i 角误差的影响可以忽略。

二、望远镜的对光误差

在一个测站上，由后视转为前视时，由于距离不等，望远镜要重新对光，对光时，对光透镜的运行将引起 i 角的变化，从而对高差产生影响，$D_A=D_B$ 可消除。

三、水准尺误差

水准尺误差主要包括尺长误差、刻划误差和零点误差。因此，对水准尺要进行检定，凡刻划达不到精度要求及弯曲变形的水准尺均不能使用。对于尺底的零点差，可采取在起终点之间设置偶数站的方法消除其对高差的影响。

子任务二　人为误差

任务指南

本任务主要是通过降低人为误差对测量结果的影响，提高测量的准确性和可靠性。

测量依据

《国家三、四等水准测量规范》(GB/T 12898—2009)、《城市轨道交通工程测量规范》(GB/T 50308—2017)、《国家一、二等水准测量规范》(GB/T 12897—2006)、《工程测量标准》(GB 50026—2020)。

任务目标

知识目标：学习出现人为误差的类型。
能力目标：能根据任务要求辨别误差的类别。
素质目标：培养积极思考的能力。

任务重难点

重点：人为误差的辨别。
难点：消除人为误差的措施。

知识储备

人为误差包括水准管气泡居中误差、估读误差、水准尺倾斜误差。

任务实施

一、水准管气泡居中误差

水准管气泡居中误差主要与水准管分划值 τ 和人眼观察气泡居中的分辨力有关，居中误差 $\pm0.15\tau$，符合气泡居中精度提高一倍。

由此引起的在水准尺上的读数误差为

$$m_c=\frac{0.75\tau}{\rho}D \tag{2-8}$$

二、估读误差

望远镜照准水准尺进行读数的误差与人眼分辨力、望远镜放大率和仪器至标尺的距离有关。

$$m_V=\frac{P}{V}\cdot\frac{D}{\rho}=\frac{60}{30}\times\frac{D}{206\,265} \tag{2-9}$$

三、水准尺倾斜误差

竖立不直，尺在视线方向左右倾斜时，观测者容易发现，沿视线方向前后倾斜时，不

易发现，设尺倾斜 θ 角，读数为 a'，则竖直角正确读数 $a=a'\theta$

$$m_\theta=a'-a=a'(1-\sin\theta) \tag{2-10}$$

子任务三　外界条件的影响

任务指南

本任务主要围绕测量中外界的条件，熟知其影响。

测量依据

《国家三、四等水准测量规范》(GB/T 12898—2009)、《城市轨道交通工程测量规范》(GB/T 50308—2017)、《国家一、二等水准测量规范》(GB/T 12897—2006)、《工程测量标准》(GB 50026—2020)。

任务目标

知识目标：熟悉外界条件的影响。

能力目标：能根据任务要求指出是哪类外界条件影响。

素质目标：培养自主探究能力。

任务重难点

重点：外界条件的认识。

难点：外界条件造成的影响。

知识储备

外界条件分为地球曲率和大气折光、温度和风力、仪器和尺垫下沉。

任务实施

一、地球曲率和大气折光的影响

地球曲率和大气折光对水准尺读数的影响 f。

$$f=(l-k)\cdot\frac{D^2}{2R}=0.43\cdot\frac{D^2}{R} \tag{2-11}$$

地球曲率和大气折光对两点间高差的影响。

二、温度和风力的影响

温度变化，仪器受热不匀，轴线的几何关系；气温变化，产生大气折光的影响。

三、仪器和尺垫下沉的影响

仪器下沉，视线降低，使前视读数减小，$h=a-b\uparrow$采用后—前—前—后的观测程序。

转点尺垫下沉，使后视读数增大。

$$往\ h_{AB}=a_1-b_1+a_2-b_2 \qquad \uparrow \qquad (a_2\uparrow)$$

$$返\ h_{AB}=a_1-b_1+a_2-b_2 \qquad \uparrow \qquad (b_1\downarrow)$$

往返测取平均值可减小该误差的影响。

子任务四　水准测量的注意事项

任务指南

本任务主要介绍水准测量时所需注意的事项。

测量依据

《国家三、四等水准测量规范》(GB/T 12898—2009)、《城市轨道交通工程测量规范》(GB/T 50308—2017)、《国家一、二等水准测量规范》(GB/T 12897—2006)、《工程测量标准》(GB 50026—2020)。

任务目标

知识目标：水准测量的注意事项。

能力目标：能根据任务要求熟记注意事项。

素质目标：培养自主探究能力。

任务重难点

重点：水准测量的注意事项。

难点：精平气泡。

知识储备

读数后要检查气泡位置，标尺立直。

任务实施

(1)检校仪器，坚实地面上设站选点，前后视距尽量相等。

(2)瞄准、读数时，仔细对光，清除视差，精平气泡，读数完成后检查气泡的位置，标尺立直。

(3)成像清晰时观测，中午气温高，折光强，不宜观测。

任务五 自动安平水准仪

子任务一 视线自动安平原理

任务指南

本任务主要是学会使用自动安水平仪。首先要明确视线自动安平原理，补偿装置结构，然后会操作水准仪进行测量，圆水准气泡居中后，即可瞄准水准尺进行读数。

测量依据

《国家三、四等水准测量规范》(GB/T 12898—2009)、《城市轨道交通工程测量规范》(GB/T 50308—2017)、《国家一、二等水准测量规范》(GB/T 12897—2006)、《工程测量标准》(GB 50026—2020)。

任务目标

知识目标：掌握如何使用安平水准仪。

能力目标：能根据任务要求使用自动安平水准仪。

素质目标：培养自主探究能力。

任务重难点

重点：视线自动安平原理。

难点：补偿装置的结构和使用。

知识储备

自动安平水准仪的特点：没有水准管和微倾螺旋，只有圆水准器进行粗平，尽管视线有微小倾斜，借助补偿器的作用，视准轴几秒内自动成水平状态，从而读出视线水平时的水准尺读数值。

任务实施

一、视线自动安平原理

CC 水平时在水准尺上读数为 a，CC 倾斜一个小角 α，CC 视线读数为 a'，为了十字丝中丝读数仍为水平视线的读数 a，在望远镜光路上增设一个补偿装置，使通过物镜光心的水平视线经补偿装置的光学元件偏转一个 β 角，仍旧成像于十字丝中心。自动安平水准仪补偿器原理，如图 2-17 所示。

$$f \cdot \alpha = d \cdot \beta \tag{2-12}$$

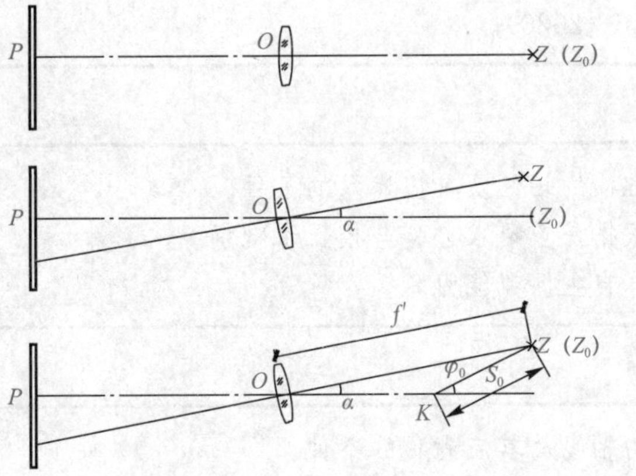

图 2-17　自动安平水准仪补偿器原理

二、补偿装置的结构

采用悬吊式光学元件借助重力作用达到视线自动安平的或借助空气或磁性的阻尼装置稳定补偿器的摆动，补偿器安装在望远镜光路上与十字丝相距 $d=f/4$ 处，视线倾斜 α 角，水平视线经直角棱镜的反射，使之偏转 β 角，正好落在十字丝交点上，观测者仍能读到水平视线的读数。

三、使用

圆水准气泡居中后，即可瞄准水准尺进行读数。

$\tau=8'-10'/2$ mm 补偿器作用范围应为 $10'\sim15'$。

子任务二　微倾斜水准仪的检验与校正

任务指南

本任务要求知晓水准仪的轴线及其应满足的条件，学会水准仪的检验与校正。

测量依据

《国家三、四等水准测量规范》(GB/T 12898—2009)、《城市轨道交通工程测量规范》(GB/T 50308—2017)、《国家一、二等水准测量规范》(GB/T 12897—2006)、《工程测量标准》(GB 50026—2020)。

任务目标

知识目标：水准仪的轴线及其应满足的条件。
能力目标：能根据任务要求检验与校正水准仪。
素质目标：培养自主探究能力。

任务重难点

重点：水准仪的轴线及其应满足的条件。
难点：水准仪的检验与校正。

知识储备

微倾斜水准仪的检验与校正。

任务实施

一、水准仪的轴线及其应满足的条件

图 2-18 所示为水准仪轴线之间的关系图。

1. 轴线

(1)视准轴 CC。
(2)水准管轴 LL。
(3)仪器竖轴 VV。
(4)圆水准器轴 $L'L'$。

2. 应满足的条件

(1)视准轴 CC//水准管轴 LL(是主条件)。

(2)仪器竖轴 VV//圆水准器轴 $L'L'$。

(3)十字丝横丝⊥仪器竖轴(十字丝横丝应水平)。

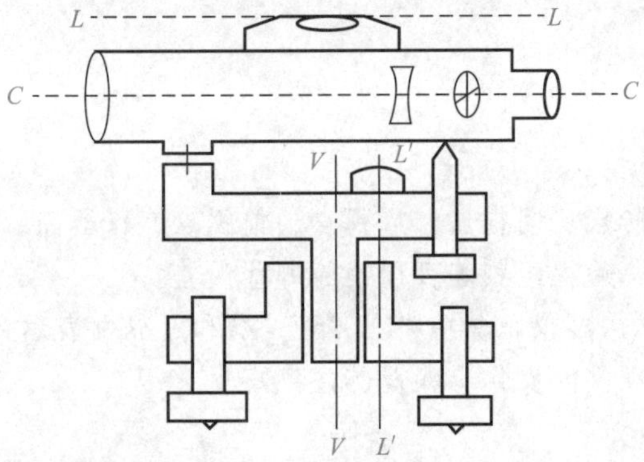

图 2-18　水准仪轴线关系图

二、水准仪的检验与校正

1. 圆水准器的检验与校正(VV//$L'L'$)

(1)检验。整平仪器，然后转动 180°，气泡继续居中，则条件满足；否则，需要校正。

(2)校正。转动脚螺旋，使气泡退回偏离的一半，然后用校正针拨动圆水准器下边的 3 个校正螺丝，使气泡居中。

2. 十字丝横丝的检验与校正(十字丝横丝水平)

(1)检验。用十字丝照准远处一明细点，转动水平微动螺旋，若该点移动的轨迹与横丝重合，说明条件满足；否则，需要校正。

(2)校正。松开目镜座上的 3 个螺丝，转动十字丝环座，使横丝水平，即明细点的移动轨迹与横丝重合为止。

3. 水准管轴的检验与校正(CC//LL)

(1)检验。在平坦地面上选择相距 80～100 m 的 A、B 两点，在中点安置仪器，测出其高差 h_1，改变仪器高后再次测定其高差 h_2，若 $h_1-h_2 \leqslant \pm 3$ mm，则取 $h_{AB}=(h_1+h_2)/2$ 为 A、B 两点的正确高差。

将仪器移至 B 点 2～3 m 处，读取 B 尺读数 b，则 A 尺应有的正确读数 $a_{应}=b+h_{AB}$。读出 A 尺实际读数 a，若 $a=a_{应}$，说明条件满足，否则存在视准轴误差(i 角误差)。

$$i=(a-a_{应})/D_{AB}\cdot\rho''$$

当 i 角大于 20″时，仪器需要校正。

(2)校正。转动微倾螺旋，使 A 尺的读数由 a 变成 $a_{应}$，此时水准管气泡不再居中，用校正针拨动水准管校正螺丝，最后使气泡重新居中(符合成光滑圆弧状)。

项目总结

本项目主要讲解了水准测量的基础知识，水准测量是高程测量的基本方法之一，掌握水准测量的基本原理：利用水准仪提供的一条水平视线，观测前、后尺读数获得两点之间的高差，在根据已知点高程，获得另一点未知点的高程。目前使用的水准仪是自动安平水准仪。水准仪的结构类型多样，基本原理是一致的。水准路线形式及水准测量的项目实施工作至关重要。

温故知新

1. 解释下列名词：转点、间视点、后视点、前视点、仪器高。
2. 水准测量时，前、后视距相等可以消除哪些误差？
3. DSZ3 型自动安平水准仪，其中“D”“S”“Z”和 3 分别表示什么？
4. 简述自动安平水准仪的操作步骤及其注意事项。

参考答案

学有余力

2020 年珠峰高程测量涉及的水准测量知识。

知识拓展：
珠峰测量

项目三　角度测量

项目描述

地面点位经常是由角度、距离和高程进行确定的，也就是由平面坐标和高程坐标确定。其中，平面坐标的确定可以由角度、方位角和距离计算得到，还可以观测水平角和竖直角，按照三角原理确定。

任务一　水平角和竖直角测量原理

任务指南

本任务是了解角度测量的原理，知晓水平角和竖直角，以及如何测量水平角和竖直角。

测量依据

《国家三角测量规范》(GB/T 17942—2000)。

任务目标

知识目标：掌握角度测量的原理，知道水平角和竖直角的基本测量原理。
能力目标：能根据任务要求准确地测量水平角和竖直角。
素质目标：培养自主探究能力。

任务重难点

重点：水平角和竖直角的测量原理。
难点：水平角和竖直角的计算。

知识储备

(1)水平角。水平角是指地面上一点到两个目标点的连线在水平面上投影的夹角，或者说水平角是过两条方向线的铅垂面所夹的两面角。

(2)竖直角。在同一竖直平面内，目标方向线与水平方向线之间的夹角称为竖直角。当目标方向线高于水平方向线时，称为仰角，取正号；反之称为俯角，取负号。竖直角的取值范围为 0°～±90°。

任务实施

如图 3-1 所示，β 角就是从地面点 B 到目标点 A、C 所形成的水平角，B 点也称为测站点。水平角的取值范围是从 0°～360°的闭区间。

精讲点拨：水平角测量原理

(1)测得水平角 β 的大小。在 B 点的上方水平安置一个有分划(或者有刻度)的圆盘，圆盘的中心刚好在过 B 点的铅垂线上。然后在圆盘的上方安装一个望远镜，望远镜能够在水平面内和铅垂面内旋转，这样就可以瞄准不同方向和高度的目标。另外，为了测出水平角的大小，因此还要有一个用于读数的指标，当望远镜转动的时候指标也一起转动。当望远镜瞄准 A 点时，指标就指向水平圆盘上的分划 a；当望远镜瞄准 C 点时，指标就指向水平圆盘上的分划 c，假如圆盘的分划是顺时针的，则

$$\text{水平角 } \beta = c - a \tag{3-1}$$

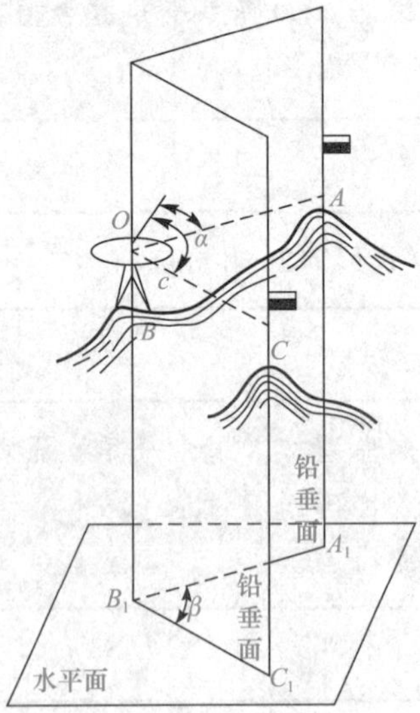

图 3-1 水平角测量

(2)测竖直角。在过测站与目标的方向线的竖直面内竖直安置一个有分划的圆盘，同样为了瞄准目标也需要一个望远镜，望远镜与竖直的圆盘固连在一起，当望远镜在竖直面内转动时，也会带动圆盘一起转动。为了能够读数还需要一个指标，指标并不随望远镜转动。当望远镜视线水平时，指标会指向竖直圆盘上某一个固定的分划，如 90°。当望远镜瞄准目

标时，竖直圆盘随望远镜一起转动，指标指向圆盘上的另一个分划。则这两个分划之间的差值就是要测量的竖直角。

根据水平角和竖直角的测量原理，要制造一台既能够观测水平角又能观测竖直角的仪器，必须满足以下几个必要条件：

(1)仪器的中心必须位于过测站点的铅垂线上。

(2)照准部设备(望远镜)要能上下、左右转动，上下转动时所形成的是竖直面。

(3)要具有能安置成水平位置和竖直位置并有刻划的圆盘。

(4)要有能指示度盘上读数的指标。

经纬仪就是能同时满足这几个必要条件的用于角度测量的仪器。

任务二　水平角测量方法

子任务一　经纬仪的构造和使用

任务指南

本任务的目标是按照不同的类别和不同的标准，了解经纬仪的相关分类。

测量依据

《光学经纬仪》(JJG 414—2011)。

任务目标

知识目标：掌握经纬仪的基础构造及其使用方法。

能力目标：能根据任务要求了解经纬仪构造、操作及使用经纬仪。

素质目标：提高相关素质。

任务重难点

重点：水准仪的具体分类。

难点：经纬仪的构造分件。

知识储备

经纬仪可分为光学经纬仪和电子经纬仪两大类。

光学经纬仪在我国的系列为DJ07、DJ1、DJ2、DJ6、DJ3。D、J分别取大地测量仪器、经纬仪的汉语拼音字头；数字为一个方向、一测回的方向中误差。

任务实施

经纬仪的结构如图 3-2 所示。其包括望远镜(用于瞄准目标，与水准仪类似，也由物镜、目镜、调焦透镜、十字丝分划板组成)、横轴(望远镜的旋转轴)、U 形支架(用于支撑望远镜)、竖轴(照准部旋转轴的几何中心)、竖直度盘(用于测量竖直角，0°～360°顺时针或逆时针刻划)、竖盘指标水准管(用于指示竖盘指标是否处于正确位置)、管水准器(用于整平仪器)、读数显微镜(用来读取水平度盘和竖直度盘的读数)、调节螺旋等。

精讲点拨：经纬仪的认识及其使用

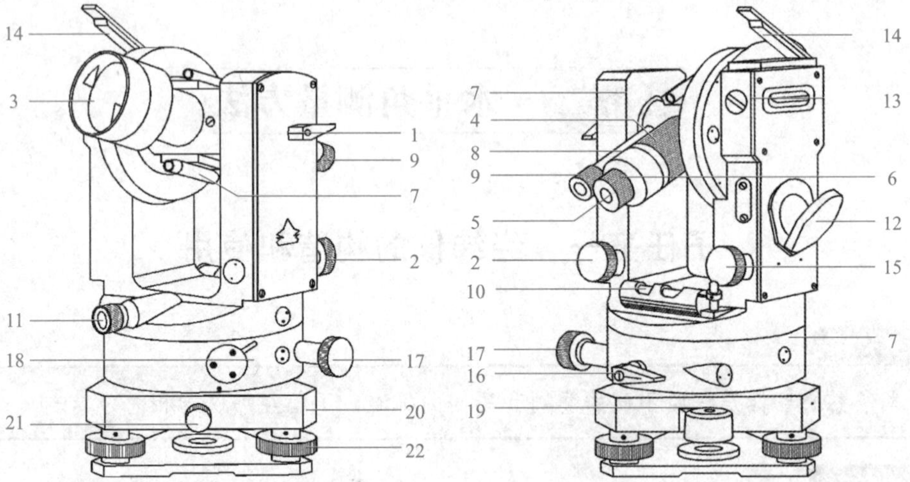

图 3-2　经纬仪的结构

1—望远镜制动螺旋；2—望远镜微动螺旋；3—物镜；4—物镜调焦螺旋；5—目镜；6—目镜调焦螺旋；7—粗瞄准器；8—度盘读数显微镜；9—度盘读数显微镜调焦螺旋；10—照准部管水准器；11—光学对中器；12—度盘照明反光镜；13—竖盘指标管水准器；14—竖盘指标管水准器观察反射镜；15—竖盘指标管水准器微动螺旋；16—水平方向制动螺旋；17—水平方向微动螺旋；18—水平度盘变换手轮与保护盖；19—圆水准器；20—基座；21—轴套固定螺旋；22—脚螺旋

一、水平度盘部分

水平度盘用来测量水平角，是一个圆环形的光学玻璃盘，圆盘的边缘上刻有分划。分划从 0°～360°按顺时针注记。水平度盘的转动通过复测扳手或水平度盘转换手轮来控制。试验中用的 DJ6 光学经纬仪使用的是度盘转换手轮，在转换手轮的外面有一个护盖。要使用转换手轮时要先把护盖打开，然后拨动转换手轮将水平度盘的读数配置成想要的数值。不用的时候一定要注意将盖盖上，避免不小心碰动转换手轮而导致读数错误。

二、基座部分

基座上有三个脚螺旋、圆水准器、支座、连接螺旋等。圆水准器用来粗平仪器。另外，经纬仪上还装有光学对中器，用于对中，使仪器的竖轴与过地面点的铅垂线重合。

三、DJ6 级光学经纬仪的读数装置

DJ6 级光学经纬仪的读数装置可分为分微尺读数和单平板玻璃测微器读数。目前，大多数的 DJ6 光学经纬仪采用分微尺读数。

四、经纬仪的操作步骤（光学对中法）

1. 架设仪器

将经纬仪放置在架头上，使架头大致水平，旋紧连接螺旋。

2. 对中

对中的目的是使仪器中心与测站点位于同一铅垂线上。可以移动脚架、旋转脚螺旋使对中标志准确对准测站点的中心。

3. 整平

整平的目的是使仪器竖轴铅垂，水平度盘水平。根据水平角的定义，是指两条方向线夹角在水平面上的投影，所以水平度盘一定要水平。

粗平：伸缩脚架腿，使圆水准气泡居中。

检查并精确对中：检查对中标志是否偏离地面点。如果该对中标志偏离了，旋松三脚架上的连接螺旋，平移仪器基座使对中标志准确对准测站点的中心，拧紧连接螺旋。

精平：旋转脚螺旋，使管水准气泡居中。

4. 瞄准与读数

(1)目镜对光：目镜调焦使十字丝清晰。

(2)瞄准和物镜对光：粗瞄目标，物镜调焦使目标清晰。注意消除视差。精瞄目标。

(3)读数：调整照明反光镜，使读数窗亮度适中，旋转读数显微镜的目镜使刻划线清晰，然后读数。

子任务二　测回法

任务指南

本任务主要是了解测回法的操作步骤。首先要了解测回法的操作步骤，然后操作经纬仪进行测量。

测量依据

《国家三、四等水准测量规范》(GB/T 12898—2009)。

任务目标

知识目标：掌握测回法的测量方法。

能力目标：能根据任务要求描述测回法测量步骤。

素质目标：培养吃苦耐劳的精神。

任务重难点

重点：测回法的测量方法。

难点：仪器的规范操作。

知识储备

测回法的原理：通过测量同一平面上不同位置的高程差，来计算出各点的高度。

任务实施

图 3-3 所示为水平角测量示意。测回法的步骤如下。

实操实战：测回法测水平角

(1)B 点安置经纬仪，A、C 点上立目标杆。

(2)将望远镜置于盘左的位置(所谓盘左，是指面对目镜，竖盘位于望远镜的左边)。瞄准 A 点，通过度盘转换手轮将水平度盘置于稍大于零的位置，读数 $A_{左}$(如 $0°50'30''$)，记录。

图 3-3 水平角测量示意

旋转望远镜，瞄准 C 点，读水平度盘的读数 $C_{左}$，记录，称为上半测回。

计算上半测回角值：

$$\beta_{上}=C_{左}-A_{左} \tag{3-2}$$

(3)将望远镜置为盘右的位置，瞄准 C 点，读水平方向读数 $C_{右}$，记录。然后旋转望远镜，再瞄准 A 点，读水平方向读数 $A_{右}$，记录，称为下半测回。

计算下半测回角值：

$$\beta_{下}=C_{右}-A_{右} \tag{3-3}$$

(4)精度评定：上、下半测回所得水平角的差值$\leqslant\pm40''$(J6 级经纬仪)。

计算一测回角值：

$$\beta=(\beta_{上}+\beta_{下})/2 \tag{3-4}$$

注意事项如下：

1)多测回观测时，测回间按 180°/n 变换水平度盘起始位置(n 为测回数)，这是为了减少度盘分划不均匀的误差。

2)瞄准目标时，尽量瞄准目标底部。

3)在表格中，分和秒的记录应为两位数。如 0°06′24″，不要记成 0°6′24″。度、分、秒之间应该适当隔开。

4)注意水平角的取值范围(0°～360°)，计算的方法，(面向待测角)右边目标读数减去左边目标读数。如果右边目标的读数小于左边目标的读数，则加上 360°再减左边读数。

子任务三　方向观测法

任务指南

本任务主要是了解方向观测法，熟练掌握方向观测法。

测量依据

《国家三、四等水准测量规范》(GB/T 12898—2009)。

任务目标

知识目标：学会方向观测法。

能力目标：能根据任务要求熟练运用方向观测法。

素质目标：培养团结协作意识，增强团队凝聚力。

任务重难点

重点：方向观测法的步骤。

难点：仪器的规范操作。

知识储备

方向观测法基本原理：通过测量观测点到目标点的方位角和距离，然后根据三角关系计算出目标点的坐标。

任务实施

一、经纬仪操作同测回法

当测站上的方向观测数在 3 个或 3 个以上，也就是要瞄准 3 个或 3 个以上目标时采用。

二、观测方法与计算

(1)盘左位置：将度盘配成稍大于 0。选择某一目标作为瞄准的起始方向，如果选择目标 A，那么 A 方向就称为零方向。首先瞄准 A 读数，然后顺时针方向依次瞄准目标 B、C、D 并读数，最后要再次瞄准 A，读数，称为归零。两次瞄准 A 的读数之差，称为半测回归零差。要求半测回归零差≤18″(J2 为 12″)，完成上半测回的观测。

实操实战：方向观测法测水平角

(2)盘右位置：首先瞄准起始方向目标 A 读数，然后逆时针方向依次瞄准目标 D、C、B 并读数。同样要再次瞄准 A。半测回归零差≤18″，完成下半测回的观测。

以上称为一个测回的观测，如果观测多个测回，测回间仍按 $180°/N$ 变换起始方向的度盘读数。

(3)计算两倍照准误差 $2C$ 差。C 称为照准误差，是指望远镜的视准轴与横轴不垂直而相差一个小角 C，致使盘左、盘右瞄准同一目标时读数相差不是 180°。所以，$2C$ 计算公式为

$$2C=\text{左}-(\text{右}\pm 180°) \tag{3-5}$$

注：J6 没有具体要求，对于 J2 经纬仪要求在同一个测回之内任意方向的 $2C$ 互差 18″之内。

(4)计算各方向盘左盘右读数的平均值。

$$\text{平均读数}=[\text{左}+(\text{右}\pm 180°)]/2 \tag{3-6}$$

由于 A 方向瞄准了两次，因此 A 方向有两个平均读数。所以，应将 A 方向的平均读数再取平均值，作为起始方向的方向值。写在第一行，并用括号括起。

(5)计算归零方向值。首先将起始方向值(括号内的)进行归零，即将起始方向值化为 0°00′00″。然后将其他方向也减去括号内的起始方向值。

如果观测了多个测回，则同一方向各测回归零方向值互差应≤24″(J2≤12″)。如果满足限差的要求，取同一方向归零方向值的平均值作为该方向的最后结果。

(6)计算水平角。相邻两方向归零方向值的平均值之差即该两方向之间的水平角。

三、水平角观测的注意事项

(1)仪器高度要和观测者的身高应相适应；三脚架要踩实，仪器与脚架连接要牢固，操作仪器时不要用手扶三脚架；转动照准部和望远镜之前，应先松开制动螺旋，使用各种螺旋时用力要轻。

(2)精确对中，特别是对短边测角，对中要求应更严格。

(3)当观测目标间高低相差较大时，更应注意仪器整平。

(4)照准标志要竖直，尽可能用十字丝交点瞄准标杆或测钎底部。

(5)记录要清楚，应当场计算，发现错误，立即重测。

(6)一测回水平角观测过程中，不得重新整平；如气泡偏离中央超过 2 格时，应重新整平与对中仪器，重新观测。

任务三　竖直角测量方法

任务指南

本任务主要是了解竖直角测量原理。

测量依据

《工程测量标准》(GB 50026—2020)、《城市轨道交通工程测量规范》(GB/T 50308—2017)。

任务目标

知识目标：掌握竖直角测量原理和计算方法。

能力目标：能根据任务要求计算竖直角。

素质目标：培养规范操作的意识。

任务重难点

重点：竖直角测量原理和计算方法。

难点：竖直角测量。

知识储备

在同一竖直面内，一点至目标点的方向线与水平线间的夹角，称为该方向线的竖直角。竖直角的取值范围为0°～±90°。

视线在水平线之上称为仰角，取“+”号；视线在水平线之下称为俯角，取“－”号。

任务实施

一、竖盘构造

经纬仪的竖盘包括竖直度盘(图3-4)、竖盘指标水准管、竖盘指标水准管微动螺旋。

精讲点拨：竖直角测量

竖直度盘注记从0°～360°进行分划，可分为顺时针注记[图3-4(a)]和逆时针注记[图3-4(b)]。

竖直度盘固定在望远镜横轴一端并与望远镜连接在一起，竖盘随望远镜一起绕横轴旋转，竖盘面垂直于横轴(望远镜旋转轴)。

竖盘读数指标(Vertical index)与竖盘指标水准管(Vertical Index Bubble Tube)连接在一起，旋转竖盘指标水准管微动螺旋将带动竖盘指标水准管和竖盘读数指标一起做微小的转动。

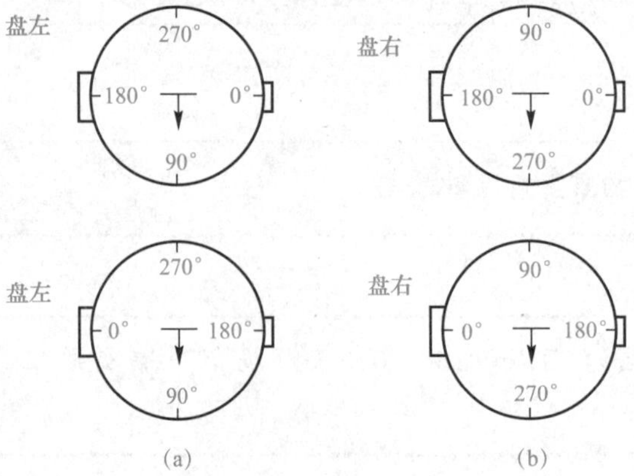

图 3-4　竖直度盘

(a)顺时针注记；(b)逆时针注记

竖盘读数指标的正确位置：当望远镜处于盘左位置并且水平、竖盘指标水准管气泡居中时，竖盘指标指向 90°，读数窗中的竖盘读数应为 90°(有些仪器设计为 0°、180°或 270°，现约定为 90°)。当望远镜处于盘右位置且水平、竖盘指标水准管气泡居中时，读数窗中的竖盘读数应为 270°(无论竖盘是顺时针还是逆时针注记)。

二、竖直角的计算

计算公式：竖直角＝照准目标时的读数与视线水平时读数(常数)之差。

用途：用于三角高程测量。

如图 3-4(a)所示，竖盘是采用顺时针注记的。现在假设望远镜水平，置于盘左的位置，竖盘指标水准管气泡居中，此时竖盘指标应指向 90°。然后转动望远镜瞄准目标，竖盘也会一起转动，竖盘指标就会指向一个新的分划 L。根据竖直角的定义，竖直角 α 是目标方向与水平方向的夹角。度盘上分划 L 与 90°分划之间的夹角与之相等，即要测的竖直角 α。由图 3-4 得。

盘左时竖直角：

$$\alpha_{左}=90°-L(L\text{ 盘左读数})\tag{3-7}$$

同样可导出盘右时的竖直角：

$$\alpha_{右}=R-270°(R\text{ 盘右读数})\tag{3-8}$$

如果用盘左和盘右瞄准同一目标测量竖直角，就构成了一个测回，这个测回的竖直角就是盘左盘右的平均值。

$$\alpha=(\alpha_{左}+\alpha_{右})/2=(R-L-180°)/2\tag{3-9}$$

如果竖盘采用逆时针注记，那么竖直角计算公式为

$$\alpha_{左}=L-90°\tag{3-10}$$

$$\alpha_{右}=270°-R\tag{3-11}$$

$$\alpha=(\alpha_{左}+\alpha_{右})/2=(L-R+180°)/2(一测回竖直角) \tag{3-12}$$

竖直角计算公式的判断法则如下：

(1)将望远镜大致安置于水平位置，然后从读数窗中看起始读数，这个起始读数应该接近一个常数，比如 90°、270°。

(2)抬高望远镜，若读数增加，则 α＝读数－常数；若读数减小，则 α＝常数－读数。

三、竖盘指标差

(1)定义：竖盘指标因运输、振动、长时间使用后，常常不处于正确的位置，与正确位置之间会相差一个微小的角度 x。这个角度 x 称为竖盘指标差。

(2)计算：当竖盘指标的偏移方向与竖盘注记增加的方向一致时，指标差为正；反之为负。

例：盘左图像，竖盘指标与竖盘注记的增加方向一致，指标差为正。那么当望远镜视线水平时，盘左的读数为 $90°+x$，当望远镜倾斜了一个 α，α 就是竖直角，这时竖盘指标读数 L。那么 L 的分划与 $90°+x$ 的分划之间的夹角就是 α，因为度盘是随望远镜一起转动的，望远镜转动了 α，度盘也就转动了 α 角。

故存在指标差 x 时竖直角计算公式为(顺时针注记)：

盘左：
$$\alpha=(90°+x)-L \tag{3-13}$$

盘右：
$$\alpha=R-(270°+x) \tag{3-14}$$

式(3-13)、式(3-14)也可变为

$$\alpha=(90°+x)-L=\alpha_{左}+x \tag{3-15}$$

$$\alpha=R-(270°+x)=\alpha_{右}-x \tag{3-16}$$

$\alpha_{左}$、$\alpha_{右}$ 是理想情况下，即不存在竖盘指标差时所测得的竖直角。

盘左、盘右观测的竖直角取平均为

$$\alpha=(\alpha_{左}+\alpha_{右})/2=(R-L-180°)/2 \tag{3-17}$$

在此公式中，指标差被抵消了。由此可以看出，采用盘左、盘右观测取平均可消除竖盘指标差的影响。

式(3-15)、式(3-16)相减，可得指标差 x 计算公式为

$$x=(R+L-360°)/2=(\alpha_{右}-\alpha_{左})/2 \tag{3-18}$$

当竖直度盘为逆时针注记时：

盘左：
$$\alpha=L-(90°+x)=\alpha_{左}-x \tag{3-19}$$

盘右：
$$\alpha=(270°+x)-R=\alpha_{右}+x \tag{3-20}$$

盘左、盘右观测取平均为

$$\alpha=(\alpha_{左}+\alpha_{右})/2=(R-L+180°)/2$$

指标差 x 计算公式为

$$x=(\alpha_{左}-\alpha_{右})/2=(R+L-360°)/2 \tag{3-21}$$

当在同一个测站上观测不同的目标时，对于 DJ6 经纬仪，竖盘指标差的互差应不超过 15″。

四、竖直角的观测与计算

竖直角观测的操作程序如下：

(1)测站上安置仪器。

(2)盘左瞄准目标，转动竖盘指标水准管微动螺旋，使竖盘指标水准管气泡居中，读取竖盘读数 L。

(3)倒镜，盘右瞄准目标，使气泡居中，读数 R。

(4)计算竖直角及竖盘指标差。

若 n 次观测，重复步骤(2)～(4)，取各测回竖直角的平均值。

检核：指标差互差≤15″。

任务四　精密经纬仪

子任务一　电子经纬仪

任务指南

本任务主要是了解电子经纬仪与光学经纬仪的主要区别，以及莫尔条纹的定义和特点。

测量依据

《工程测量标准》(GB 50026—2020)、《城市轨道交通工程测量规范》(GB/T 50308—2017)。

任务目标

知识目标：掌握电子经纬仪与光学经纬仪的区别及莫尔条纹。

能力目标：能根据任务要求使用电子经纬仪与了解光学经纬仪的主要区别及莫尔条纹。

素质目标：培养科技爱国的情怀。

任务重难点

重点：电子经纬仪的测角系统。

难点：莫尔条纹的定义及特点。

知识储备

世界上第一台电子经纬仪(Electronic Theodolite)于 1968 年研制成功，20 世纪 80 年代初生产出商品化的电子经纬仪。

任务实施

电子经纬仪的测角系统有编码度盘测角系统、光栅度盘测角系统和动态测角系统三种。现在大部分的电子经纬仪是采用光栅度盘测角系统。

一、光栅度盘测角系统

图 3-5 所示为电子经纬仪构造。这个玻璃圆盘就是电子经纬仪的度盘，在度盘上均匀地按一定的密度刻划有透明与不透明的辐射状条纹，这就构成了光栅度盘。不透明的条纹就是光栅，相邻光栅之间的距离就是栅距，通常光栅的宽度与栅距相等，光栅与间隙的宽度均为 a。

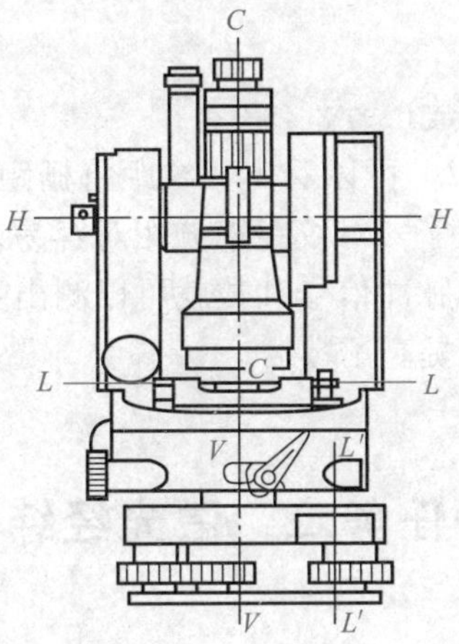

图 3-5　电子经纬仪构造

由于光栅不透光，而缝隙透光。因此，在光栅度盘的下方安置一个发光二极管用来发射光线，在度盘上方安置一个光敏二极管用来接收光线，将光信号转变为电信号。这样，当光栅度盘转动时，就可以利用一个计数器来计算光敏二极管接收到光线的次数，从而就知道光栅度盘转动的栅距数，根据栅距数就可以计算出相应的角度值。

从测角的原理可以看出，光栅度盘的栅距就相当于光学度盘的分划，栅距越小，则角度分划值越小，测角的精度越高。例如，在一个 80 mm 直径的光栅度盘上，如果刻划有 12 500 条细线(每毫米 50 条)，那么栅距的分划值为 $1'44''$。这个精度并不高，如果要进一步提高精度，那么就要进一步细分，而对于现在的技术水平来说，要分得非常细是有困难的，就算能分得非常细，进行计数时也很难十分准确。因此，要提高光栅度盘测角的精度就需要采用莫尔条纹技术。

二、莫尔条纹

(1)莫尔条纹的定义：将两块密度相同的光栅重叠，并使它们的刻划线相互倾斜一个很小的角度，此时就会出现明暗相间的条纹，该条纹称为莫尔条纹。在光栅度盘的上面叠加一个指示光栅，使它们之间形成莫尔条纹。

(2)莫尔条纹的特点如下：

1)在两光栅沿刻线的垂直方向做相对移动时，莫尔条纹在刻线方向移动。如果光栅度盘转动一个栅距，那么莫尔条纹就会移动一个周期。这样，通过光电管中电流的周期数，就是度盘所转过的光栅数。

2)条纹亮度按正弦规律周期性变化。那么光栅度盘转动的时候，在光敏二极管中流过的电流也会按照正弦规律周期性变化。

3)如果两光栅的倾角 θ 越小，则相邻明暗条纹间的间距 ω(简称纹距)就越大。其关系为

$$\omega=\frac{d}{\theta}\rho'$$

式中 ω——纹距；

d——栅距；

θ——两光栅之间倾角；

ρ'——一弧度所对应的分数，为 3 438′。

当 $\theta=20'$时，纹距 $\omega=172d$，可以看出，纹距将栅距放大了很多倍。由于栅距很小，细分很困难，而纹距将栅距放大了，对纹距细分相对容易。因此，在电流的一个正弦周期内插入若干个脉冲信号，然后对脉冲信号计数就可以测出光栅度盘转动不足一个栅距的角度值，这实际上就相当于将精度提高了数倍。

子任务二　激光经纬仪

任务指南

本任务主要是学习激光经纬仪的用途。

测量依据

《工程测量标准》(GB 50026—2020)、《城市轨道交通工程测量规范》(GB/T 50308—2017)。

任务目标

知识目标：掌握激光经纬仪的用途。

能力目标：能根据任务要求，掌握激光经纬仪的用途。

素质目标：培养科技自信和文化自信。

任务重难点

重点：激光经纬仪的用途。

难点：J2—JDB 激光经纬仪是在 DJ2 光学经纬仪上设置了一个半导体激光发射装置。

知识储备

激光经纬仪除具有传统经纬仪的功能外，还可以提供一条可见的激光光束，因此就可以用于准直测量，为土建安装等工作提供一条基准线。

任务实施

激光经纬仪主要用于准直测量。准直测量就是定出一条标准的直线，作为土建、安装等施工放样的基准线。

J2—JDB 激光经纬仪是在 DJ2 光学经纬仪上设置了一个半导体激光发射装置，将发射的激光导入望远镜的视准轴方向，从望远镜物镜端发射，激光光束与望远镜视准轴保持同轴、同焦。

激光经纬仪除具有光学经纬仪的所有功能外，还可以提供一条可见的激光光束，广泛应用于高层建筑的轴线投测、隧道测量、大型管线的铺设、桥梁工程、大型船舶制造、飞机形架安装等领域。

任务五　经纬仪的检验与校正

任务指南

本任务主要是根据学生的学习特点，由浅入深、由简单到复杂学习经纬仪的构造轴线之间的关系，主要采用学生自主探究、教师精讲点拨、学生游戏等方式巩固知识点。

测量依据

《国家三、四等水准测量规范》(GB/T 12898—2009)、《城市轨道交通工程测量规范》(GB/T 50308—2017)、《国家一、二等水准测量规范》(GB/T 12897—2006)、《工程测量标准》(GB 50026—2020)。

任务目标

知识目标：掌握经纬仪满足的几何条件。

能力目标：能根据任务要求检验与校正经纬仪。

素质目标：培养动手操作的能力。

任务重难点

重点：经纬仪的轴线。

难点：经纬仪检验与校正的操作。

知识储备

经纬仪应满足的几何条件如图 3-6 所示。

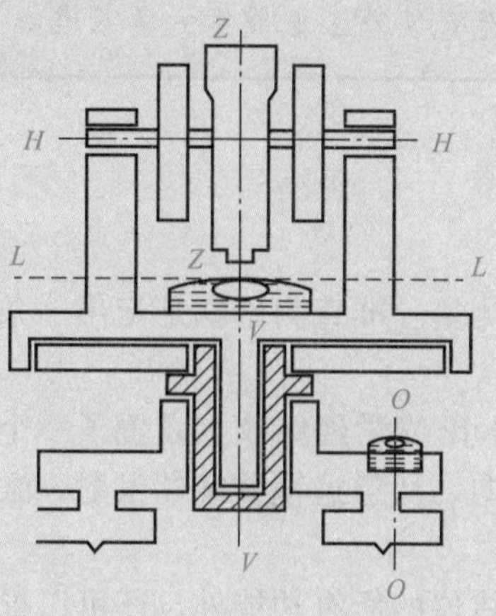

图 3-6　经纬仪的几何条件

(1)水准管轴垂直于仪器竖轴($LL \perp VV$)；

(2)横轴垂直于视准轴($HH \perp CC$)；

(3)横轴垂直于竖轴($HH \perp VV$)；

(4)十字丝竖丝垂直于横轴；

(5)竖盘指标差应为 0；

(6)光学对点器的视准轴与仪器竖轴重合。

任务实施

经纬仪的检验与校正如下。

一、照准部水准管轴垂直于竖轴($LL \perp VV$)的检验与校正

(1)检验：先进行粗平，然后将照准部水准管转到任意两个脚螺旋连线方向，调整脚螺旋使气泡居中。然后旋转照准部 180°，若气泡不居中，则需要校正。

(2)校正：用拨针拨动水准管校正螺丝使气泡向水准管居中位置移动 1/2，然后调整脚螺旋使气泡完全居中。

此项检校应反复进行，直至照准部转至任意方向，气泡偏离均小于 1 格。

二、十字丝竖丝垂直于横轴的检验与校正

十字丝分划板如图 3-7 所示。

(1)检验：先找到一个明显点状目标，用十字丝纵丝(或横丝)的一端瞄准这个目标，转动望远镜微动螺旋(或水平微动螺旋)，如果目标始终在纵丝(或横丝)上移动，则不需校正，否则需要校正。

(2)校正：取下分划板座的护盖，旋松 4 个压环螺栓，然后转动分划板座使目标与十字丝竖丝(或横丝)重合。最后转动微动螺旋，检查目标是否始终在竖丝(或横丝)上移动。

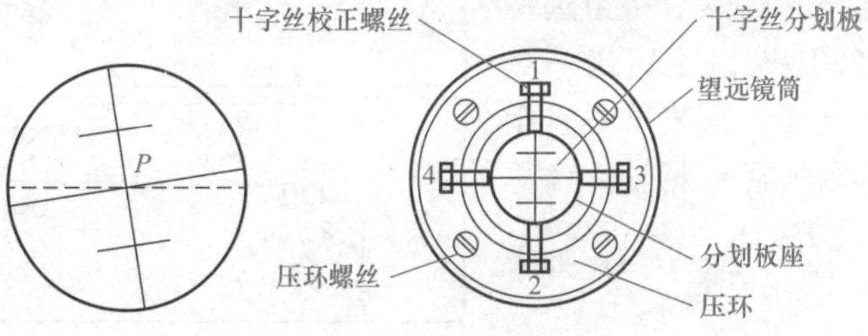

图 3-7 十字丝分划板

三、视准轴垂直于横轴($HH \perp CC$)的检验与校正

视准轴垂直于横轴检验示意如图 3-8 所示。

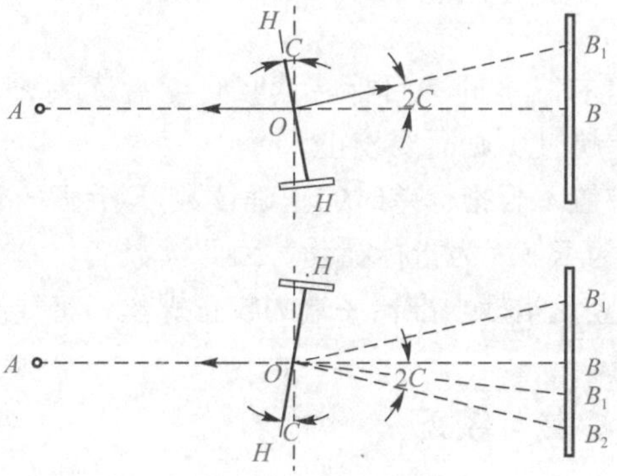

图 3-8 视准轴垂直于横轴检验示意

(1)检验：选一相距约 60 m A、B 两点，将经纬仪安置在 A、B 中点 O 上，A 点立标志，B 点水平放置一把有毫米分划的尺子，要求 A 点标志、B 点尺子与 O 点的经纬仪同高。然后盘左瞄准 A 点，纵转望远镜(成盘右)在 B 点尺上读数 B_1。转动照准部盘右瞄准 A 点，纵转望远镜(成盘左)B 点尺上读数 B_2。如果 B_1 不等于 B_2，则计算视准误差 $C''=\dfrac{B_1B_2}{4S_{OB}}\rho''$，如果 C''大于 60″则需要校正。

(2)校正：(由于 B_1B_2 是 $4C$ 在尺上的反映值)计算出 B_3 的值($B_3B_2=B_1B_2/4$)，然后用拨针拨动十字丝分划板上的左右校正螺丝，使十字丝竖丝对准尺上的读数 B_3。

此项检验、校正需反复进行。

四、横轴垂直于竖轴($HH \perp VV$)的检验与校正

横轴垂直于竖轴检验示意如图 3-9 所示。

(1)检验：在距离仪器 20～30 m 的墙上选择一个高目标 P，量出经纬仪到墙的水平距

离 D。用盘左瞄准 P 点，然后将望远镜放平(竖盘读数为 90°)在墙上定出一点 P_1。再用盘右瞄准 P 点，然后将望远镜放平(竖盘读数为 270°)在墙上定出一点 P_2。如果 P_1 与 P_2 重合，则横轴垂直于竖轴；否则，横轴不垂直于竖轴。计算出横轴倾斜角 $i''=\frac{P_1P_2}{2D}\rho''\arctan\alpha$，如果 i 大于 60″需校正。

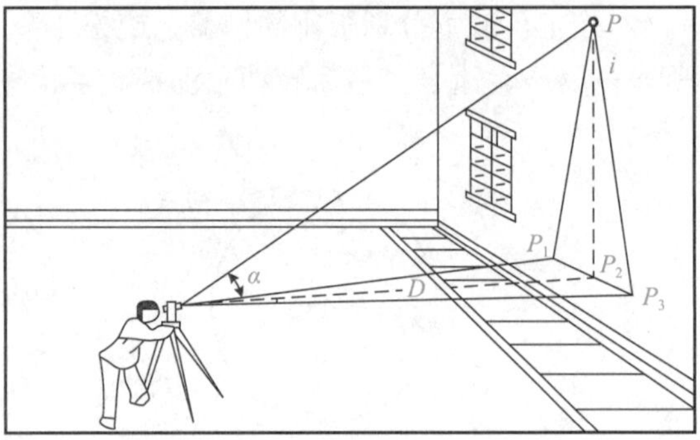

图 3-9　横轴垂直于竖轴检验示意

(2) 校正：取 P_1、P_2 两点的中点 P_m，转动水平微动螺旋使十字丝交点对准 P_m，然后上仰望远镜观察 P 点，此时十字丝交点与 P 点必然不重合。转动横轴偏心环，改变横轴右支架的高度，使十字丝交点对准 P 点。

五、竖盘指标差的检验与校正

(1)检验：用盘左、盘右瞄准同一目标，读竖直度盘读数 R、L，计算出竖盘指标差。对于 J6 仪器，如果指标差超过 1′则需要校正。

(2)校正：计算盘右位置不含指标差时的正确读数($R'=R-X$)，然后转动竖盘指标水准器微动螺旋使竖盘读数为 R'(因为指标在动，因此读数变化)，此时竖盘指标水准管气泡必不居中。用校正针拨动竖盘指标水准器一端的校正螺丝，将气泡居中。

六、光学对中器的检验与校正

(1)检验：在地面上放一张白纸，标出一点 P，将对中标志对准 P，然后旋转照准部 180°，若对中标志不再对准 P，则需要校正。

(2)校正：照准部旋转 180°后在白纸上定出对中标志点 P'，画出 PP' 的中点 O，拨动光学对中器的校正螺丝，使对中标志对准 O 点。

任务六　角度测量误差分析

子任务一　仪器误差

任务指南

本任务主要是根据学生的学习特点，由浅入深、由简单到复杂学习仪器误差，主要采用学生自主探究、教师精讲点拨、课后习题等方式巩固知识点。

测量依据

《国家三、四等水准测量规范》(GB/T 12898—2009)、《城市轨道交通工程测量规范》(GB/T 50308—2017)、《国家一、二等水准测量规范》(GB/T 12897—2006)、《工程测量标准》(GB 50026—2020)。

任务目标

知识目标：掌握仪器误差的分类和消除措施。
能力目标：能根据任务要求区分仪器误差的种类。
素质目标：培养自主探究能力。

任务重难点

重点：仪器误差的种类。
难点：仪器误差的消除。

知识储备

经纬仪的构造。

任务实施

一、视准轴误差

(1)原因：即视准轴不垂直于仪器横轴时产生的误差。

当存在视准轴误差时，用盘左、盘右观测同一个目标时，水平度盘的读数就会有 2 倍视准轴误差存在，即 $2C$。

(2)影响：如图 3-10 所示，当不存在视准轴误差时，视准轴 OA 与横轴 HH 是垂直的，望远镜绕横轴旋转形成的是一个竖直面。当存在视准轴误差时，那么视准轴就会偏离正确位置一个 C 角，望远镜旋转的是一个圆锥面。OA_1 和 OA_2 分别是盘左、盘右位置时的视准轴，它们都相对于正确位置 OA 偏离了一个 C 角。将这个 C 角投影在水平度盘上，就得到了一个夹角 X_C，X_C 就是视准轴误差所引起的水平度盘的读数误差。X_C 的大小可以用下面公式表示：

$$X_C=C\cdot\sec\alpha$$

(3)分析：

1)$\alpha=0$，$X_C=C$；α 增大，$X_C=C\cdot\sec\alpha$ 增大；即 α 越大，则视准轴误差对水平度盘读数的影响越大。

2)盘左、盘右观测同一目标时，C 角大小相等，偏离方向相反。故它对水平度盘读数的影响大小相等、方向相反。

从图 3-10 中可以看出，当存在视准轴误差时，用盘左、盘右观测同一目标时，水平度

盘的读数中都有 X_C 存在，并且大小相等、符号相反。

(4)消减措施：取盘左、盘右观测的平均值。

二、横轴误差

(1)原因：横轴不垂直于仪器竖轴的误差。

(2)影响：横轴误差示意如图 3-11 所示。横轴 HH 与竖轴 VV 不垂直的夹角为 i，即倾斜后的横轴与原来横轴之间的夹角为 i。假若没有横轴误差时，当视线水平时瞄准目标 N_1，然后将望远镜抬起后就会瞄准 N，ON_1N 形成了竖直面。若有横轴误差，将望远镜抬起后就会瞄准 A，ON_1A 是一个倾斜面。将 A 点投影在平面上为 A_1，那么 OA_1 与 ON_1 的夹角 X_i 就是横轴误差对水平度盘读数的影响。

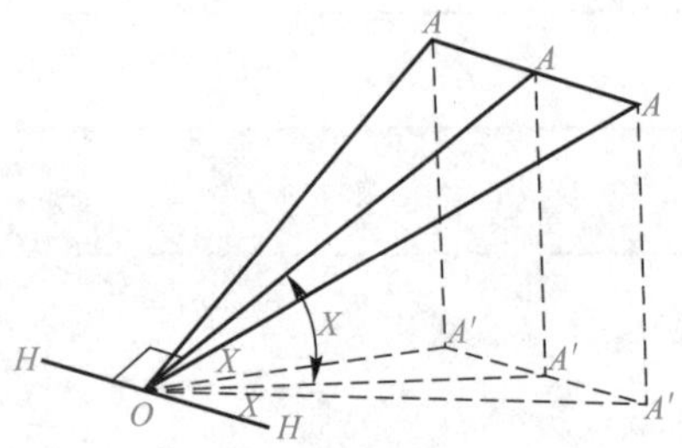

图 3-10　视准轴误差示意

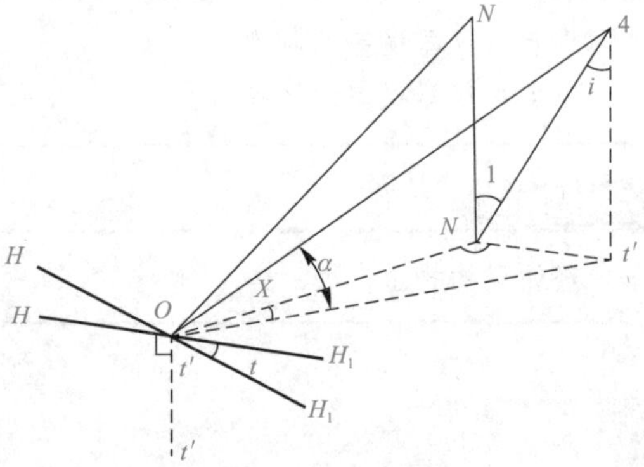

图 3-11　横轴误差示意

$$X_i''=i''\tan\alpha$$

(3)分析：

1)$\alpha=0$，$X_i=0$；α 增大，X_i 增大；即 α 越大、则横轴误差对水平角的影响越大。

2)盘左、盘右观测同一目标时，横轴倾斜的 i 角正好大小相等，倾斜方向相反。故它对水平度盘读数的影响，大小相等，方向相反。

(4)消减措施：取盘左、盘右观测的平均值。

三、竖轴误差

(1)原因：仪器竖轴不铅垂所产生的误差。

照准部的水准管轴不垂直于竖轴，当水准管气泡居中，照准部水准管轴水平，而竖轴不竖直。

(2)影响：由于竖轴倾斜的方向与盘左、盘右无关，因此，竖轴误差会使盘左、盘右观测同一目标时的水平角读数误差大小相等、符号相同。

(3)消减措施：不能用盘左、盘右取平均值消除，只能严格整平仪器来削弱它的影响。

四、照准部偏心差(或称度盘偏心差)

(1)原因：水平度盘的分划中心与照准部的旋转中心不重合而产生的误差。

(2)影响：O 为度盘分划中心，O'为照准部旋转中心。如果有照准部偏心差时，当盘左瞄准目标时，读数指标指向 $a_{左}$ 的位置。如果没有偏心差时，即照准部的旋转中心与水平度盘的圆心重合时，正确的读数应该是过水平度盘圆心的直线所指向的分划 $a'_{左}$，所以 $a'_{左}$ 为 $a'_{左}=a_{左}-X$。

同样可以得出盘右时的正确读数为 $a'_{右}=a_{右}+X$。

(3)分析：$a_{左}+a_{右}=a'_{左}+a'_{右}$。即取盘左、盘右读数的平均值可以消除 X，即消除照准部偏心差的影响。对于 DJ2 的经纬仪，由于采用对径分划符合读数装置，读数时实际上就是取度盘对径两端分划的平均值进行读数的，因此读数中已经消除了照准部偏心差。

(4)消减措施：取盘左盘右观测的平均值。

五、竖盘指标差

取盘左盘右读数的平均值可消除竖盘指标差的影响。

六、度盘分划误差

度盘分划误差是指度盘分划不均匀所产生的误差。可以采用测回间按 $180°/n$ 配置度盘起始读数削减度盘分划误差的影响。

子任务二 观测误差

任务指南

本任务主要是根据学生的学习特点，由浅入深、由简单到复杂学习角度观测误差，主要采用学生自主探究、教师精讲点拨、课后习题等方式巩固本知识点。

测量依据

《国家三、四等水准测量规范》(GB/T 12898—2009)、《城市轨道交通工程测量规范》(GB/T 50308—2017)、《国家一、二等水准测量规范》(GB/T 12897—2006)、《工程测量标准》(GB 50026—2020)。

任务目标

知识目标：掌握观测误差的分类和消除措施。

能力目标：能根据任务要求区分观测误差的种类。

素质目标：培养自主探究能力。

任务重难点

重点：观测误差的种类。
难点：观测误差的消除。

知识储备

观测误差是指由于人为的原因引起的误差。

任务实施

一、测站偏心误差(对中误差)

(1)原因：对中不准确，使仪器中心与测站点不在同一铅垂线上。

(2)影响：如图 3-12 所示，设测站点为 B 点，实际对中的点即仪器中心点为 B'，应测水平角 ABC，实测水平角 $AB'C$。两者之差即对中误差对水平角的影响。

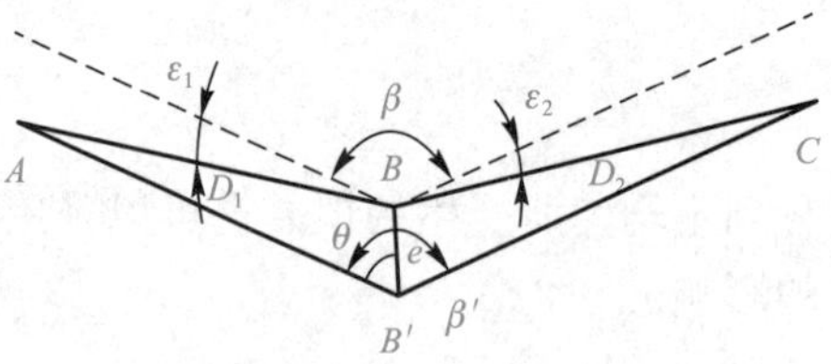

图 3-12　对中误差

$$\Delta\beta=\varepsilon_1+\varepsilon_2=e\rho''\left[\frac{\sin\theta}{D_1}+\frac{\sin(\beta-\theta)}{D_2}\right]$$

(3)分析：

1)与 e 成正比。

2)与距离成反比，边长越短，对水平角的影响越大。

3)$\theta=90°$，$\beta=180°$，$\Delta\beta$ 是最大。

(4)消减措施：要严格对中，尤其在短边测量时。

二、目标偏心误差

(1)原因：瞄准的目标位置偏离了实际的地面点，通常是由于标志杆立得不直，而瞄准的时候又没有瞄准目标杆的底部所造成。

(2)影响：$\gamma''=\frac{e_1\rho''}{S}=\frac{l\sin\alpha}{S}\rho''$。

(3)分析：如图 3-13 所示。

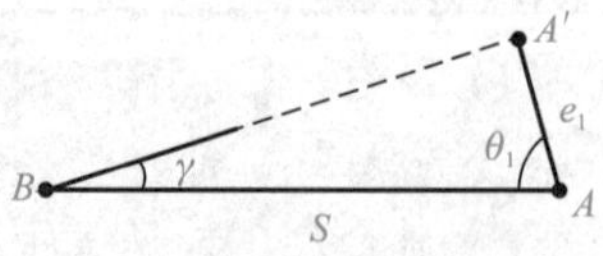

图 3-13　目标偏心差

1)与瞄准高度、目标倾斜角成正比。

2)与边长成反比。

(4)消减措施：目标杆要竖直，尽量瞄准杆的底部。

三、瞄准、读数等误差

(1)瞄准误差：$m_v=\frac{P}{V}$($P=60$，t 为人眼的分辨率，V 为望远镜的放大率)。

(2)读数误差：$m=0.1t$(J6 级，t 为仪器读数设备最小分划)；$m=3$(J2 级)。

(3)消减措施：仔细瞄准，消除视差，认真读数或改进读数方法。

子任务三　外界环境误差

任务指南

本任务主要是根据学生的学习特点，由浅入深、由简单到复杂学习外界环境引起的误差，主要采用学生自主探究、教师精讲点拨、课后习题等方式巩固知识点。

测量依据

《国家三、四等水准测量规范》(GB/T 12898—2009)、《城市轨道交通工程测量规范》(GB/T 50308—2017)、《国家一、二等水准测量规范》(GB/T 12897—2006)、《工程测量标准》(GB 50026—2020)。

任务目标

知识目标：掌握外界环境误差的分类和消除措施。

能力目标：能根据任务要求区分外界环境误差的种类。

素质目标：培养自主探究能力。

任务重难点

重点：外界环境误差的种类。

难点：外界环境误差的消除。

知识储备

外界环境是指温度、风力、土质等环境。

任务实施

(1)原因：土质松软，大风影响仪器的稳定，日晒、温度变化影响气泡的稳定，大气辐射影响目标成像的稳定。

(2)消减措施：稳定架设仪器，踩紧脚架。要选择合适的天气测量，最好是阴天，无风的天气，强光下打伞。

项目总结

本项目是角度测量的基础知识，包括水平角和竖直角的测量。水平角的定义是需要掌握的重点，利用仪器规范操作测量水平角是难点，主要观测方法包括测回法和方向观测法。竖直角的原理是掌握的重点，竖直度盘、指标差、竖直角的关系是本竖直角测量的难点。

温故知新

1. 解释下列名词：水平角、竖直角、竖盘指标差、测回法、方向观测法。

2. 角度测量时，有哪些误差？

3. 简述经纬仪或全站仪的操作步骤及其注意事项。

参考答案

学有余力

港珠澳大桥的建设。

知识拓展：港珠澳大桥

项目四　距离测量和直线定向

项目描述

地面点位通常由角度、距离和高程进行确定，也就是由平面坐标和高程坐标确定。其中，平面坐标可以由角度、方位角和距离计算得到，这就必然涉及距离和直线定向。

任务一　距离丈量

子任务一　丈量距离的工具

任务指南

丈量距离所用的工具是由丈量所需要的精度决定的，主要有钢卷尺、皮尺及测绳，其次还有花杆、测钎等辅助工具。

测量依据

《国家三、四等水准测量规范》(GB/T 12898—2009)、《城市轨道交通工程测量规范》(GB/T 50308—2017)、《国家一、二等水准测量规范》(GB/T 12897—2006)、《工程测量标准》(GB 50026—2020)。

任务目标

知识目标：了解丈量距离所用的工具。
能力目标：能根据任务要求使用丈量距离所用的工具。
素质目标：培养自主探究能力。

任务重难点

重点：认识丈量工具。
难点：丈量工具的区别。

知识储备

一、钢卷尺

钢卷尺(图 4-1)一般采用薄钢片制成，其长度有 15 m、20 m、30 m、50 m 等，有的全尺刻划到毫米，有的只在 0～0.1 m 刻至毫米，其余部分刻至厘米。钢卷尺用于较高精度的距离丈量，如控制测量及施工放样中的距离丈量等。

二、皮尺

如图 4-2 所示，皮尺是用麻布织入金属丝等制成，其长度有 20 m、30 m、50 m 等，皮尺伸缩性较大，故使用时不宜浸于水中，不宜用力过大。皮尺丈量距离的精度低于钢卷尺，只适用于精度要求较低的丈量工作，如渠道测量、土石方测算等。

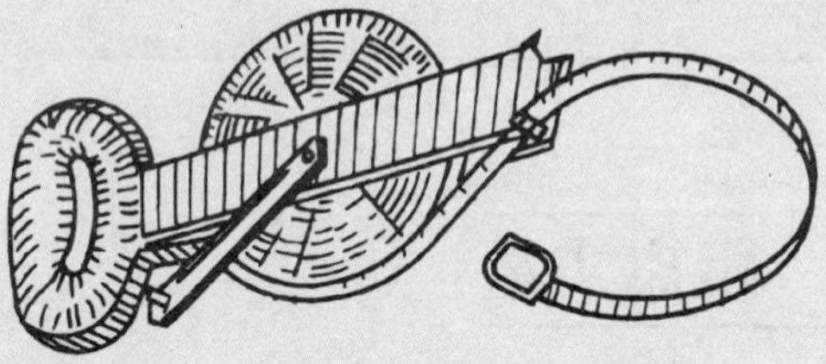

图 4-1　钢卷尺

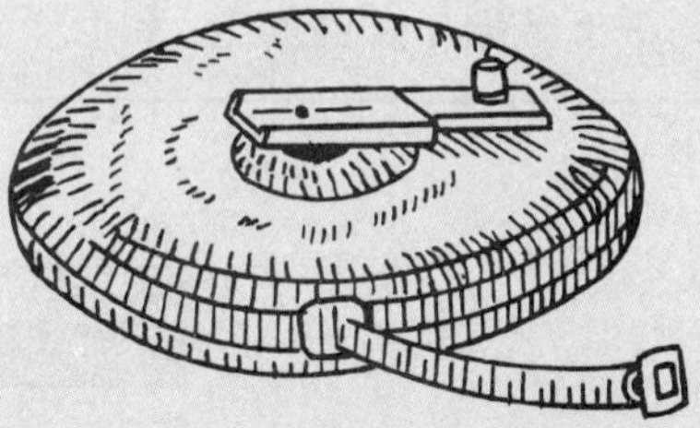

图 4-2　皮尺

三、测绳

测绳是由金属丝和麻绳制成的，长度为 50～100 m，由于其丈量距离精度低，一般只用在渠道测量及河道勘测等工作中。

四、辅助工具

辅助工具有花杆和测钎等。花杆是用来标定直线端点点位及方向；测钎是用来标定尺子端点的位置及计算丈量过的整尺段数。

子任务二　钢尺量距的一般方法

任务指南

本任务主要介绍钢尺测量的一般方法。

测量依据

《国家三、四等水准测量规范》(GB/T 12898—2009)、《城市轨道交通工程测量规范》(GB/T 50308—2017)、《国家一、二等水准测量规范》(GB/T 12897—2006)、《工程测量标准》(GB 50026—2020)。

任务目标

知识目标：掌握钢尺测量的一般方法。

能力目标：能根据任务要求运用钢尺测量的一般方法。

素质目标：培养自主探究能力。

任务重难点

重点：丈量方法。

难点：丈量方法。

知识储备

一、在平坦地面上丈量水平距离

如图 4-3 所示，欲丈量 AB 直线，丈量之前先要进行定线，定线可用目测法在 A、B 间用花杆定直线方向。当精度要求较高时，应用经纬仪定线。

丈量距离时，后测手拿尺子的零端和一根测钎，立于直线的起点 A。前测手拿尺子另一端和测钎数根，沿 AB 方向前进至一整尺 1 处，前测手听后测手指挥，将尺子放在 AB 直线上，两人抖动并拉紧尺子(注意尺子不能扭曲)，当后测手将零点对准 A 点，发出“好”的信号，前测手就将一根测钎对准尺子末端刻划插于地上，同时回复“好”的信号。这就完成一整尺段的丈量工作。然后两人抬起尺子，沿 AB 方向继续前进，待后测手走到 1 点时停止前进，用同样方法丈量 2、3、……整尺段。最后量不足一整尺的距离 q。设尺子长度为 l，则所量 AB 直线长度 L 可按下式计算：

$$L=nl+q \tag{4-1}$$

式中 L——直线的总长度；

l——尺子长度(尺段长度)；

n——尺段数；

q——不足一尺段的余数。

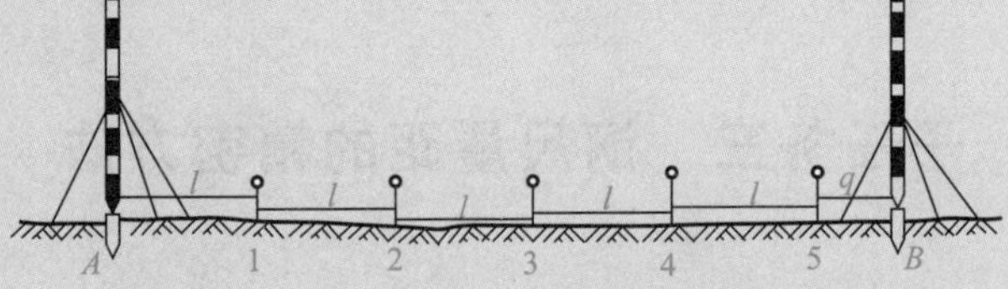

图 4-3 钢尺量距的一般方法

在实际丈量中，为了校核和提高精度，一般需要进行往、返丈量。往测和返测之差称为较差，较差与往、返丈量长度平均值之比称为丈量的相对误差，用以衡量丈量的精度。例如，一条直线的距离，往测为 208.926 m，返测为 208.842 m，则其往、返测平均值 $L_平$ 为 208.884 m，相对误差为

$$K=\frac{|L_{往}-L_{返}|}{L_{平}}=\frac{|208.926-208.842|}{208.884}\approx\frac{1}{2\ 487}$$

相对误差应用分子为 1 的分数来表示，在平坦地区量距，其精度一般要求达到 1/2 000 以上，困难的山地要求在 1/1 000 以上。上例符合精度要求，即可将往、返测量的平均值 $L_{平}$ 作为丈量的最终成果。

二、在倾斜地面丈量水平距离

(1)平量法。如图 4-4(a)所示，当地面坡度不大时，可将尺子拉平。然后用垂球在地面上标出其端点，则 AB 直线的总长度可按下式计算：

$$L=l_1+l_2+\cdots+l_n \tag{4-2}$$

这种量距的方法产生误差的因素很多，因而精度不高。

(2)斜量法。如果地面坡度比较均匀，可沿斜坡丈量出倾斜距离 L，并测出倾斜角 α [图 4-4(b)]，然后按下式改算成水平距离 L：

$$D=L\cos\alpha \tag{4-3}$$

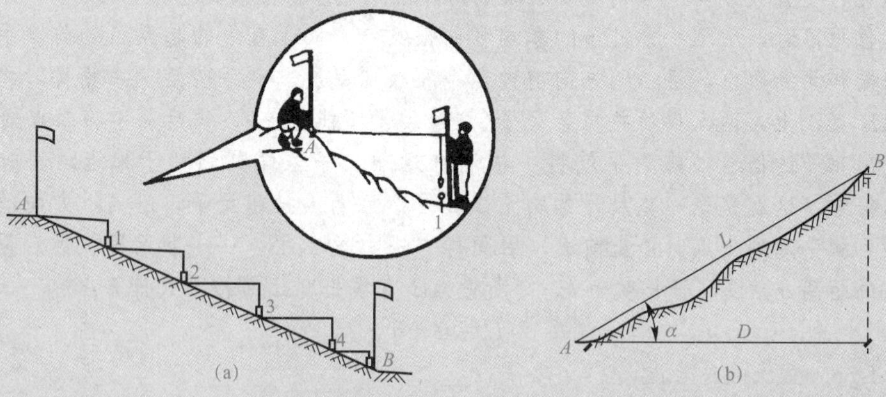

图 4-4 倾斜地面量距

(a)平量法；(b)斜量法

子任务三 钢尺量距的精密方法

任务指南

本任务主要是掌握钢尺量距的精密方法。

测量依据

《国家三、四等水准测量规范》(GB/T 12898—2009)、《城市轨道交通工程测量规范》(GB/T 50308—2017)、《国家一、二等水准测量规范》(GB/T 12897—2006)、《工程测量标准》(GB/T 50026—2020)。

任务目标

知识目标：掌握钢尺量距的原理。
能力目标：能根据任务要求完成钢尺精密测距的步骤和方法。
素质目标：培养动手操作能力。

任务重难点

重点：掌握钢尺量距的精密方法。
难点：掌握钢尺量距的一般方法。

知识储备

不在同一水平面上的两点间连线的长度称为两点间的倾斜距离。测量地面两点间的水平距离是确定地面点位的基本测量。钢尺量距是常用的距离测量方法之一。

任务实施

精讲点拨：钢尺量距

一、定线

(1)清除在基线方向内的障碍物和杂草。

(2)根据基线两端点的固定桩用经纬仪定线，沿定线方向用钢卷尺进行概量，每一整尺段打一木桩，木桩需要高出地面 3 cm 左右，木桩间的距离应略短于所使用钢卷尺的长度(如短 5 cm)，并在每个桩的桩顶按视线画出基线方向和其垂直向的短直线(图 4-5)，其交点即钢卷尺读数的标志。

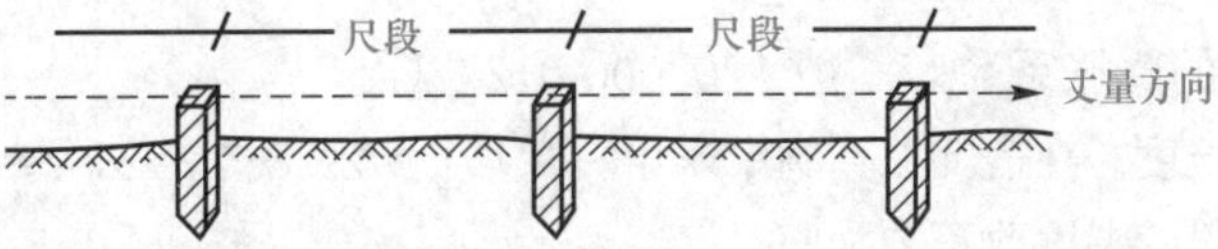

图 4-5　钢尺量距的精密方法

二、量距

量距是用检定过的钢尺丈量相邻木桩之间的距离。丈量时，将钢卷尺首尾两端紧贴桩顶，并用弹簧秤施以钢卷尺检定时相同的拉力(一般为 10 kg)，同时，根据两桩顶的十字交点读数，读至毫米。读完一次后，将钢卷尺移动 1～2 cm，再读 2 次，根据所读的 3 对读数即可算得 3 个丈量结果，3 个长度间最大互差若小于 3 mm，则取其平均值作为该尺段的丈量数值。每测一尺段均应记载温度，估读到 0.1 ℃，以便计算温度改正数。逐段丈量至终点，不足整尺段同法丈量，即往测(记载格式见表 4-1)。往测完毕后，应立即进行返测，若备有两盘比较过的钢卷尺，也可采用两尺同向丈量。

三、测定桩顶间高差

用水准仪按一般水准测量方法测定各段桩顶间的高差，以便计算倾斜改正数。

四、尺段长度的计算

每次往测和返测的结果，应进行尺长改正、温度改正和倾斜改正，以便计算出直线的水平长度。各项改正数的计算方法如下：

(1)尺长改正。由于金属质量和刻划的精度影响，钢卷尺出厂时含有一定的误差。或者经长期使用，受外界条件的影响，钢卷尺的长度也可能发生变化。为此，在丈量距离之前，应对钢卷尺进行检验以求得钢卷尺的实际长度。设被检验钢卷尺的名义长度为 I_0，与标准尺比较求得实际长度为 I，则尺长改正值 ΔI 可按下式求得

$$\Delta I = I - I_0 \tag{4-4}$$

在表 4-1 给出的实例中，钢卷尺的名义长度为 30 m，在标准温度 $t=20$ ℃和标准拉力 10 kg 时，其实际长度为 30.002 5 m，则尺长度改正数为

$$\Delta l = 30.002\,5 - 30 = +2.5(\text{mm})$$

所以，每丈量一尺段 30 m，应加上 2.5 mm 的尺长改正数；不足 30 m 的尺段，按比例计算其尺长改正数。例如，在表 4-1 中，最后一段的尺段长为 1.805 0 m。其尺长改正值为

$$\Delta l = +\frac{2.5}{30} \times 1.805\,0 = +0.15(\text{mm})$$

计算时应注意，当钢卷尺比标准尺长时改正值取正号；反之取负号。

(2)温度改正。设钢卷尺在检定时的温度为 t_0，而丈量时的温度为 t，则一尺段长度的温度改正数 Δl_t 为

$$\Delta l_t = \alpha(t - t_0)l \tag{4-5}$$

式中 α——钢卷尺的膨胀系数，一般为 0.000 012/ ℃；

l——该尺的长度。在表 4-1 算例中，第一尺段 $l=29.865\,0$ m，$t=25.8$ ℃，$t_0=20$ ℃，则该尺段的温度改正数为

$$\Delta l_t = 0.000\,012 \times (25.8 - 20) \times 29.865\,0 = +2.1(\text{mm})$$

(3)倾斜改正。如图 4-6 所示，设一尺段两端的高差为 h，量得的倾斜长度为 l，将倾斜长度化为水平长度 d 应加入的改正数为 Δl_h，其计算公式推导为

$$h^2 = l^2 - d^2 = (l-d)(l+d)$$

$$l - d = \frac{h^2}{l+d}$$

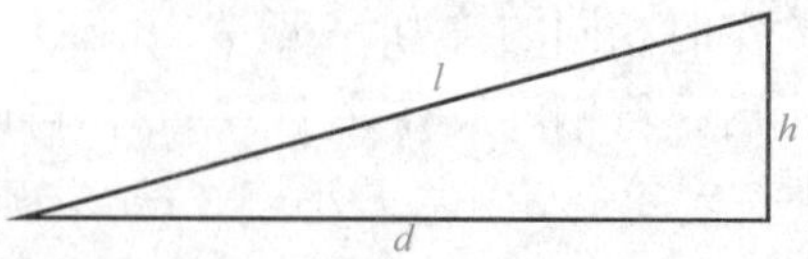

图 4-6 倾斜校正

因改正数 Δl_h 很小，在上式分母中可近似地取 $d=l$，则 Δl_h 为

$$\Delta l_h=-\frac{h^2}{2l} \tag{4-6}$$

式(4-6)中的负号是由于水平长度总比倾斜长度要短，所以倾斜改正数总是负值。以表 4-1 中第一尺段为例，该尺段两端的高差 $h=+0.272$ m，倾斜长度 $l=29.865\ 0$ m，则按式(4-6)中算得倾斜改正数：

$$\Delta l_h=-\frac{(0.272)^2}{2\times 29.865\ 0}=-1.2(\text{mm})$$

每尺段进行以上三项改正后，即得改正后尺段的长度为

$$L=l+\Delta l+\Delta l_t+\Delta l_h \tag{4-7}$$

五、计算全长

将各个改正后的尺段长度相加，即得往测(或返测)的全长。如往、返丈量相对误差小于允许值，则取往测和近测的平均值作为基线的最后长度。基线丈量记录与计算见表 4-1。

表 4-1　基线丈量记录与计算表

尺段	次数	前尺读数/m	后尺读数/m	尺段长度/m	尺段平均长度/m	温度 t 温度改正 Δl_t/mm	高差 h 倾斜改正 Δl_h/mm	尺长改正 Δl/mm	改正后的尺段长度/m	备注
$A-1$	1	29.930	0.064	29.866	29.865 0	25.8	+0.272	+2.5	29.868 4	钢尺名义长度为 30 m，在标准温度和标准拉力下实际长度为 30.002 5 m
	2	40	76	64		+2.1	−1.2			
	3	50	85	65						
1−2	1	29.920	0.015	29.905	29.905 7	27.5	+0.174	+2.5	29.910 4	
	2	30	25	05		+2.7	−0.5			
	3	40	33	07						
…	…	…	…	…	…	…	…	…	…	
	…	…	…	…		…	…			
	…	…	…	…						
14−B	1	1.880	0.076	1.804	1.805 0	27.5	−0.065	+0.2	1.804 2	
	2	70	64	06		+0.2	−1.2			
	3	60	55	05						

子任务四　钢卷尺检定简介

任务指南

本任务主要是钢卷尺检定。

测量依据

《国家三、四等水准测量规范》(GB/T 12898—2009)、《城市轨道交通工程测量规范》(GB/T 50308—2017)、《国家一、二等水准测量规范》(GB/T 12897—2006)、《工程测量标准》(GB 50026—2020)。

任务目标

知识目标：了解钢卷尺检定。

能力目标：能根据任务要求检定钢卷尺。

素质目标：培养分析问题、解决问题的能力。

任务重难点

重点：钢卷尺检定方法。

难点：钢卷尺检定方法。

知识储备

钢卷尺的检定是将待检验的钢卷尺与已知实际长度的标准尺进行比较，求得两者间的差值，给出被检钢卷尺的尺长方程式。例如，某 30 m 钢卷尺的尺长方程式为

$$L_{30}=30\ \text{m}+2.5\ \text{mm}+1.2\times10^{-5}\times30\times10^{3}\times(t-t_0)\text{mm} \tag{4-8}$$

式中，+2.5 mm 是尺长改正数；+0.36($1.2\times10^{-5}\times30\times10^{3}$)mm 是 30 m 钢尺温度每变化 1 ℃的温度改正数。标准尺应由国家计量单位检定认可，并有尺长方程式的尺，一般采用铟钢带尺或线尺，工程单位在要求不高时，也可采用检定过的质量较好的钢卷尺作为标准尺。

检定钢卷尺宜在恒温室或温度变化很小的地下室内进行，野外比尺时宜在阴天进行。

钢卷尺检定方法如下：

(1)在一定长度(如 30 m)的平台上，两端备有良好的标志，将标准尺与被检钢卷尺平放好，待尺子与室温一致后，即可开始检定。

(2)将标准尺施以 10 kg 拉力，测定两端标志间的水平距离，一般应丈量 6～10 次，并读取测前测后温度各一次。

(3)同法用被检钢卷尺测定两标志间的水平距离，丈量次数可为 6 次。

(4)被检钢卷尺测定完成后，再用标准尺测定一次。

计算方法：首先用标准尺的尺长方程式将两标志间长度计算出来，然后归算成标准温度(一般为 20 ℃)下的长度，这就是已知的实际长度。再计算出被检钢尺丈量两标志间的名义长度，并将其归算到标准温度。用实际长度 I 减去名义长度 I_0，即可得在标准温度下的尺长改正数。

在精度要求较高的情况下，必须考虑钢卷尺刻划不均匀的误差，因此也可进行每 5 m 和每米检定，如某 30 m 钢卷尺，0～5 m 可进行每米检定，其余可按每 5 m 检定。

若需要进行悬空丈量，则应按悬链进行检定，以求得钢卷尺悬链时的尺长方程式。

子任务五　距离丈量误差及其消减方法

任务指南

本任务是距离丈量误差及其消减方法。

测量依据

《国家三、四等水准测量规范》(GB/T 12898—2009)、《城市轨道交通工程测量规范》(GB/T 50308—2017)、《国家一、二等水准测量规范》(GB/T 12897—2006)、《工程测量标准》(GB 50026—2020)。

任务目标

知识目标：掌握距离丈量误差及其消减方法。

能力目标：能根据任务要求运用距离丈量误差及其消减方法。

素质目标：培养自主探究能力。

任务重难点

重点：距离丈量误差及其消减方法。

难点：距离丈量误差及其消减方法。

知识储备

丈量距离时不可避免地存在误差。为了保证丈量所要求的精度，必须了解距离丈量的误差来源，并采取相应的措施消减其影响。现分述如下：

(1)尺长本身的误差。钢卷尺本身存在一定的误差，国产 30 m 长的钢卷尺，其尺长误差不应超过±8 mm。如用未经检定的钢尺量距，以其名义长度进行计算，则包含尺长误差。对于 30 m 长的距离而言，则最大可达±8 mm。若尺长改正数未超过尺长的 1/10 000，且丈量距离又短，一般可不加尺长改正。其他情况下应加入尺长改正。

(2)温度变化的误差。钢尺的膨胀系数 $\alpha=0.000\ 012/℃$，每米每度温差变化仅 1/80 000，但当温差较大、距离较长时影响也不小，故精密量距应进行温度改正，由于空气温度与钢卷尺本身的温度往往存在差异，故有条件时尽可能用点温度计测定钢尺本身的温度，并在尺段上不同位置测定 2～3 点的温度取其平均值。

(3)拉力误差。如果丈量不用弹簧秤衡量拉力，仅凭手臂感觉，最大的拉力误差可达 5 kg 左右，对于 30 m 长的钢尺则可产生±1.9 mm 的误差，故在精密量距时最好用弹簧秤使其拉力与钢尺检定时的拉力相同。

(4)丈量本身的误差。如一般量距时的对点及插测钎的误差，这在平坦地区使其不超过一定限度还是容易做到的，但在倾斜地区量距时，则需要特别仔细，并用垂球进行投点及对点。又如读数误差，如果一般量距时仅读至厘米，其凑整误差是较大的，故为了达到较好的精度，一般量距也应与精密量距一样读至毫米。

(5)钢尺垂曲的误差。钢尺悬空丈量时，中间下垂而产生的误差称为垂曲误差。检定钢尺时，可把尺子分为悬空与水平两种情况予以检定，得出各自相应的尺长改正值，在悬空测量时，可以利用悬链方程式进行尺长改正。

(6)钢尺不水平的误差。钢尺不水平会产生距离增长的误差。对一条 30 m 的钢尺而言，若尺两端的高差达 0.4 m，则产生 0.002 67 m 的误差，其相对误差为 1/112 50。在一般量距中，有人从旁目估水平，使尺段两端高差不足 0.4 m 是不难办到的。因此，该项误差实际很小，一般量距可不加改正。但对精密量距，则应测出尺段两端的高差，进行倾斜校正。

(7)定线误差。钢尺丈量时若偏离直线定线方向，则呈一折线，距离量长了，这与上述钢尺不水平相似，仅一个是竖直面内的偏斜，是一个是水平面内的偏斜。使用标杆目估定线，使每 30 m 整尺段偏离直线方向不大于 0.4 m 是完全可以办到的，实际情况会更小，故该项误差也较小。但在精密量距中应考虑其影响，应使用经纬仪定线。

任务二　视距测量

子任务一　视距测量原理

任务指南

本任务主要是了解渠道沿线的地形起伏情况，为坡度设工程测量的技术提供依据。

测量依据

《国家三、四等水准测量规范》(GB/T 12898—2009)、《城市轨道交通工程测量规范》(GB/T 50308—2017)、《国家一、二等水准测量规范》(GB/T 12897—2006)、《工程测量标准》(GB 50026—2020)。

任务目标

知识目标：采用视距测量的方法，同时测定两点间的水平距离和高差。

能力目标：利用视距丝、视距尺(也可以用水准尺代替)和经纬仪上的竖直度盘进行视距测量。

素质目标：培养团结协作的能力。

任务重难点

重点：望远镜视线水平。
难点：望远镜视线倾斜。

知识储备

视距测量原理：视距测量是一种利用望远镜内的视距装置（如视距丝）进行测量，根据几何光学和三角学原理，同时测定两点间的水平距离和高差的方法。

任务实施

一、望远镜视线水平时

如图 4-7 所示，在 A 点上安置仪器，照准在 B 点上竖立的视距尺。当望远镜的视线水平时，望远镜的视线与视距尺面垂直。对光后，视距尺的像落在十字丝分划板的平面上，这时尺上 G 点和 M 点的像与视距丝的 g 和 m 重合。为便于说明，根据光学原理，可以反过来将 g 点和 m 点当作发光点，从该两点发出的平行光轴的光线，经折射后必定通过物镜的前焦点 F，交于视距尺 G、M 两点。

精讲点拨：视距测量

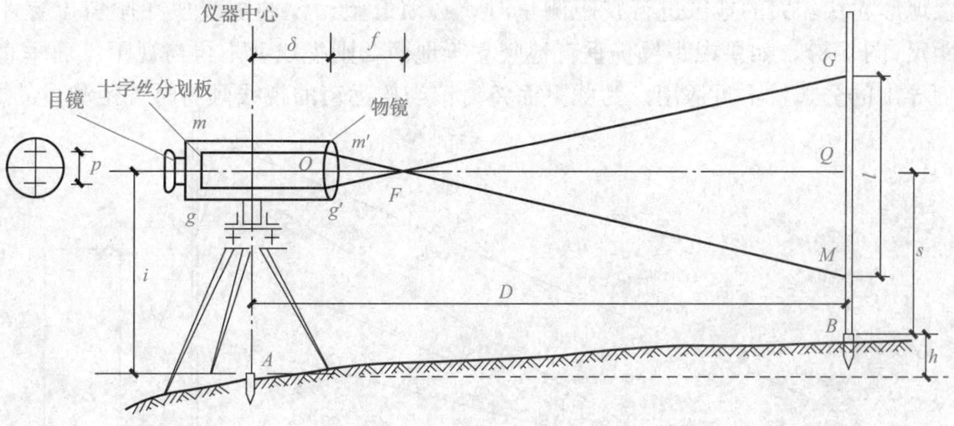

图 4-7　视线水平时视距测量

由图 4-7 中的相似三角形 GFM 和 $g'Fm'$ 可以得出

$$\frac{GM}{g'm'}=\frac{FQ}{FO}$$

式中　GM——视距间隔，$GM=l$；

FO——物镜焦距，$FO=f$；

$g'm'$——十字丝分划板上两视距丝的固定间距，$g'm'=p$。

于是 $$FQ=\frac{FO}{g'm'}\times GM=\frac{f}{p}\times l$$

从图 4-7 中以看出，仪器中心离物镜前焦点 F 的距离为 $\delta+f$，其中 δ 为仪器中心至物镜光心的距离。故仪器中心至视距尺水平距离为

$$D=\frac{f}{p}\times l+(f+\delta) \tag{4-9}$$

式中，$\frac{f}{p}$和$(f+\delta)$分别称为视距乘常数和视距加常数。令

$$\frac{f}{p}=K \qquad f+\delta=C$$

则式(4-9)可改写为

$$D=Kl+C \tag{4-10}$$

为了计算方便，在设计制造仪器时，通常令 $K=100$，对于内对光望远镜，由于设计仪器时使 C 值接近零，故加常数 C 可以不计。这样，测站点 A 至立尺点 B 的水平距离为

$$D=Kl \tag{4-11}$$

从图 4-7 中可以看出，当视线水平时，为了求得 A、B 两点间的高差，用尺子量取仪器高 i，读出视距尺的中丝读数 S，则 A、B 两点的高差为

$$h=i-s \tag{4-12}$$

二、远镜视线倾斜时

在地形起伏较大的地区进行视距测量时，必须把望远镜的视线放在倾斜位置才能看到视距尺(图 4-8)，如果视距尺仍垂直地竖立于地面，则视线就不再与视距尺面垂直，因而，面导出的公式就不再适用。为此下面将讨论当望远镜的视线倾斜时视距测量的原理。

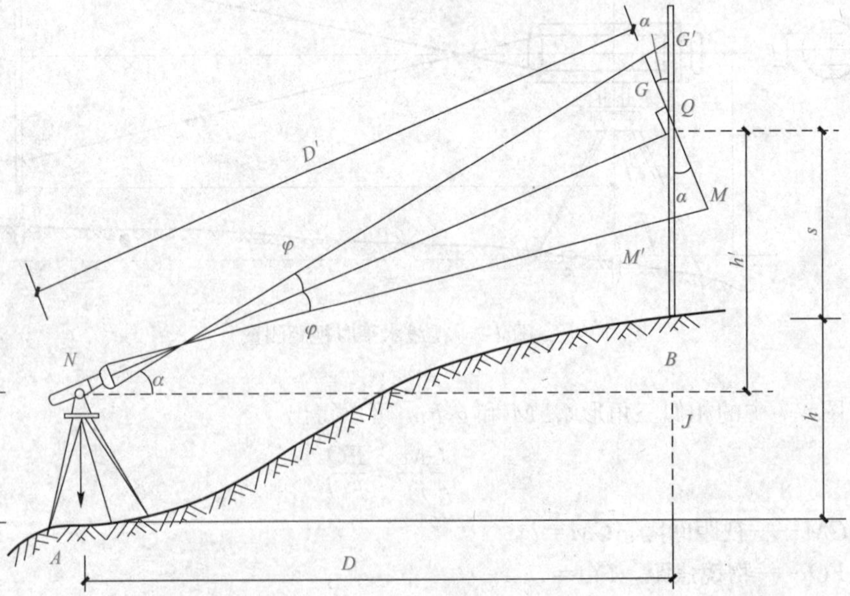

图 4-8　视线倾斜时的视距测量

在图 4-8 中，视距尺垂直竖立于 B 点时的视距间隔 $G'M'=l$，假定视线与尺面垂直时的视距间隔 $GM=l'$。为了推算视线倾斜情况下的水平距离，首先要将 l 改化为 l'，然后根据竖直角 α 将倾斜距离 D' 化水平距离 D。

在三角形 MQM' 和 GQG' 中

$$\angle MQM'=\angle GQG'=\alpha$$

$$\angle QMM'=90^\circ-\varphi$$

$$\angle QGG'=90^\circ+\varphi$$

式中，φ 为上（或下）视距丝与中丝间的夹角，其值一般约为 $17'$，是一个小角，所以 $\angle QMM'$ 和 $\angle QGG'$ 可近似地看作为直角，这样可得出：

$$l'=GM=QG'\cos\alpha+QM'\cos\alpha=(QG'+QM')\cos\alpha$$

而

$$QG'+QM'=G'M'=l$$

故有

$$l'=l\cos\alpha$$

应用式(4-11)和上式可得出 NQ 的长度，即倾斜距离 D' 为

$$D'=Kl'=Kl\cos\alpha$$

再利用直角三角形 QJN 将 D' 化为水平距离 D 得

$$D=D'\cos\alpha=Kl\cos^2\alpha \tag{4-13}$$

经纬仪横轴到 Q 点的高差 h'（称为初算高差），也可从直角三角形 QJN 中求出

$$h'=D'\sin\alpha=Kl\cos\alpha\sin\alpha=\frac{1}{2}Kl\sin2\alpha \tag{4-14}$$

或

$$h'=D\tan\alpha$$

而 AB 两点间的高差 h 为

$$h=h'+i-s \tag{4-15}$$

式中　i——仪器高；

s——十字丝的中丝在视距尺上的读数(图 4-11)。

当十字丝的中丝在视距尺上的读数恰好为仪器高 i，即 $s=i$ 时，由式(4-15)得

$$h=h' \tag{4-16}$$

子任务二　视距测量方法

任务指南

本任务主要是测定出渠道各中桩处垂直于渠道中线方向上的地面起伏情况，绘制出横断面图，为线路设计提供基础资料。

测量依据

《国家三、四等水准测量规范》(GB/T 12898—2009)、《城市轨道交通工程测量规范》(GB/T 50308—2017)、《国家一、二等水准测量规范》(GB/T 12897—2006)、《工程测量标准》(GB 50026—2020)。

任务目标

知识目标：掌握视距测量方法。

能力目标：能根据任务要求记录视距测量表。

素质目标：培养规范操作意识。

任务重难点

重点：视距测量方法。

难点：视距测量的规范操作。

知识储备

视距测量是一种利用光学和几何学原理，同时，测定仪器到地面点的水平距离和高差的方法。这种方法操作简便、速度快，但受地面起伏变化的影响较小，测距精度较低，为1/300～1/200。

任务实施

(1)将经纬仪安置在测站点 A 上(图 4-8)，对中和整平。

(2)量取仪器高 i，量至厘米即可。

(3)判断竖直角计算公式。本例盘左望远镜仰起竖盘读数减少，竖直角计算公式为 $\alpha=90^{\circ}-L$。

(4)将视距尺立于欲测的 B 点上，盘左瞄准视距尺，并使中丝截取视距尺上某一整数 s 或仪器高 i，分别读出上下丝和中丝读数，将下丝读数减去上丝读数即可得视距间隔 l。

实操实战：普通视距测量

(5)在中丝不变的情况下，读取竖直度盘的读数(读数前必须使竖盘指标水准管的气泡居中)，并将竖直度盘读数化算为竖直角 α。

(6)根据测得的 l、α、s 和 i 按式(4-13)～式(4-15)计算水平距离 D 和高差 h，再根据测站的高程计算出测点的高程(表 4-2)。

表 4-2 视距测量记录表

测站名称：A 仪器：J6 型经纬仪 测站高程：47.36 m 仪器高：$i=1.47$ m

测点	上丝读数 下丝读数 /m	视距间隔 l/m	中丝读数 s/m	竖盘读数 /(° ′)	竖直角 /(° ′)	水平距离 D/m	初算高差 h'/m	高差 h/m	测点 高程 H/m
1	2.253 1.747	0.506	2.00	86 59	+3 01	50.46	+2.66	+2.13	49.49
2	1.915 1.025	0.890	1.47	95 17	−5 17	88.25	−8.16	−8.16	39.20

子任务三　视距测量误差

任务指南

本任务主要是视距测量误差分析。

测量依据

《国家三、四等水准测量规范》(GB/T 12898—2009)、《城市轨道交通工程测量规范》(GB/T 50308—2017)、《国家一、二等水准测量规范》(GB/T 12897—2006)、《工程测量标准》(GB 50026—2020)。

任务目标

知识目标：了解视距测量误差。

能力目标：能根据任务要求分析研究视距测量误差。

素质目标：培养自主探究能力。

任务重难点

重点：视距测量误差。

难点：视距测量分析。

知识储备

视距测量误差可分为仪器误差、观测误差、外界影响三个部分。

任务实施

一、仪器误差

视距乘常数 K 对视距测量的影响较大，而且其误差不能采用相应的观测方法加以消除，故使用一架新仪器之前，应对 K 值进行检定。另外，竖直度盘指标差的残余部分可采用盘左、盘右观测取竖直角的平均值来消除。

二、观测误差

进行视距测量时，若视距尺竖得不铅直，将使所测得的距离和高差存在误差，其误差随视距尺的倾斜而增加，故测量时应注意将尺竖直。另外，在估读毫米位时应十分小心。

三、外界影响

由于风沙和雾气等原因造成视线不清晰，往往会影响读数的准确性，最好避免在这种天气进行视距测量。另外，从上、下两视距丝出来的视线，通过不同密度的空气层将产生垂直折光差，特别是接近地面的光线折射更大，所以上丝的读数最好距离地面0.3 m以上。

一般情况下，读取视距间隔的误差是视距测量误差的主要来源，因为视距间隔乘以常数K，其误差也随之扩大100倍，对水平距离和高差影响都较大，故进行视距测量时，应认真读取视距间隔。

从视距测量原理可知，竖直角误差对水平距离影响不显著，但对高差影响较大，故采用视距测量方法测定高差时应注意准确测定竖直角。读取竖盘读数时，应严格令竖盘指标水准管气泡居中。

任务三　电磁波测距

子任务一　红外光电测距仪原理

任务指南

本任务主要是学习红外光电测距仪原理。

测量依据

《国家三、四等水准测量规范》(GB/T 12898—2009)、《城市轨道交通工程测量规范》(GB/T 50308—2017)、《国家一、二等水准测量规范》(GB/T 12897—2006)、《工程测量标准》(GB 50026—2020)。

任务目标

知识目标：掌握红外光电测距仪原理。
能力目标：能根据任务要求熟悉红外光电测距仪原理。
素质目标：培养自主探究能力。

任务重难点

重点：红外光电测距仪原理。
难点：红外光电测距仪的使用。

知识储备

精讲点拨：电磁波测距

任务实施

红外光电测距仪简称红外测距仪，它采用砷化镓(GaAs)发光二极管做光源，能连续发光，具有体积小、质量轻、功耗小等特点。

如图 4-9 所示，为了测定 A、B 间的距离 D，将测距仪安置于 A 点，反光棱镜安置于 B 点，测距仪连续发射的红外光到达 B 点后，由反光镜反射回仪器。光的传播速度 c 约为 3×10^{8} m/s，若能测定光束在距离 D 上往返所经历的时间 t，则被测距离 D 可由下式求得：

$$D=\frac{1}{2}c\cdot t \tag{4-17}$$

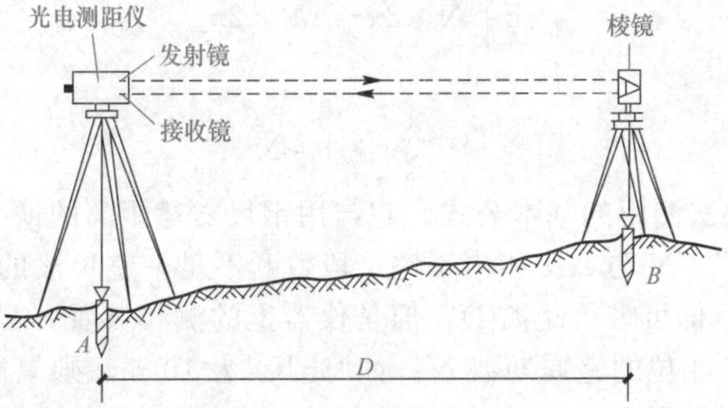

图 4-9　红外光测距

但一般 t 值是很微小的，如 D 为 500 m，t 仅为 1/30 000s，要测定这样微小的时间间隔是极为困难的。因此，在光电测距仪中，根据测量光波在待测距离 D 上往、返一次传播时间方法的不同，光电测距仪可分为脉冲式和相位式两种，现仅介绍相位式原理。相位式是将距离与时间的关系改化为距离与相位的关系，即由仪器发射连续的调制光波，用测定调制光波的相位来确定距离。

如图 4-10 所示，由 A 点发出的光波，到达 B 点后再反射回 A 点。将光波往返于被测距离上的图形展开，光波成为一连续的正弦曲线。其中，光波一周期的相位变化为 2π，路程的长度恰为一个波长 λ。设调制光波的频率为 f，则光波从 A 到 B 再返回 A 的相位移 φ 可由下式求得：

$$\varphi=2\pi ft$$

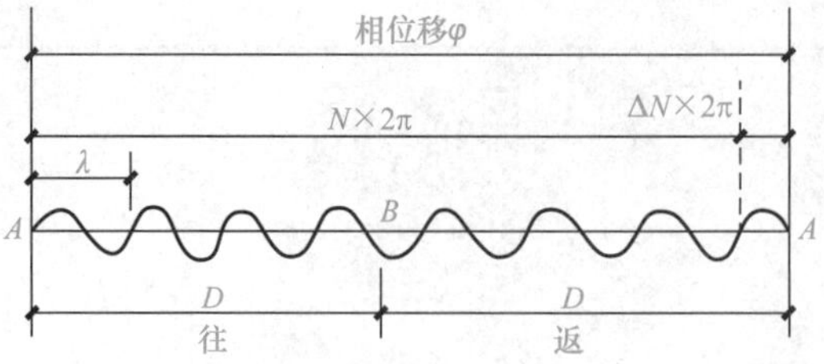

图 4-10　红外测距原理

即

$$t=\frac{\varphi}{2\pi f}$$

代入式(4-17)，得

$$D=\frac{c}{2f}\times\frac{\varphi}{2\pi}$$

因为 $\lambda=\frac{c}{f}$，

所以

$$D=\frac{\lambda}{2}\times\frac{\varphi}{2\pi} \tag{4-18}$$

其中相位移 φ 是以 2π 为周期变化的。

设从发射点至接收点之间的调制波整周期数为 N，不足一个整周期的比例数为 ΔN，由图 4-10 可知

$$\varphi=N\times2\pi+\Delta N\times2\pi$$

代入式(4-18)，得

$$D=\frac{\lambda}{2}(N+\Delta N) \tag{4-19}$$

式(4-19)即相位法测距的基本公式。它与用钢尺丈量距离的情况相似，$\lambda/2$ 相当于整尺长，称为“光尺”，N 与 ΔN 相当于整尺段数和不足一整尺段的零数，$\lambda/2$ 为已知，只要测定 N 和 ΔN，即可求得距离 D。但是仪器上的测相装置，只能测定 0～2π 的相位变化，而无法确定相位的整周期数 N。如“光尺”为 10 m，则只能测定小于 10 m 的距离，为此一般仪器采用两个调制频率的“光尺”分别测定小数和大数。例如，“精尺”长为 10 m，“粗尺”长为 1 000 m，若所测距离为 476. 384 m，则由“精尺”测得 6. 384 m，“粗尺”测得 470 m，显示屏上显示两者之和为 476. 384 m。如被测距离大于 1 000 m（如 1 367. 835 m)，则仪器仅显示 367. 835 m，这时整千米数需要测量人员根据实际情况进行断定。对于测程较长的中程和远程光电测距仪，一般采用 3 个以上的调制频率进行测量。

在式(4-17)中，c 为光在大气中的传播速度，若令 c_0 为光在真空中的传播速度，则 $c=\frac{c_0}{n}$，其中 n 为大气折射率($n\geqslant1$)，它是波长 λ、大气温度 t 和气压 p 的函数，即

$$n=f(\lambda,\ t,\ p) \tag{4-20}$$

对一台红外测距仪来说，λ 是一常数，因此大气温度 t 和气压 p 是影响光速的主要因素，所以在作业中，应实时测定现场的大气温度和气压，对所测距离加以气象改正。

子任务二 红外测距仪的使用

任务指南

本任务主要是学习红外测距仪的使用方法。

测量依据

《国家三、四等水准测量规范》(GB/T 12898—2009)、《城市轨道交通工程测量规范》(GB/T 50308—2017)、《国家一、二等水准测量规范》(GB/T 12897—2006)、《工程测量标准》(GB 50026—2020)。

任务目标

知识目标：掌握红外测距仪的使用方法。
能力目标：能根据任务要求使用红外测距仪。
素质目标：培养科技自信和文化自信。

任务重难点

重点：红外测距仪的使用。
难点：红外测距仪的规范操作。

知识储备

红外测距仪由于体积小，一般可以安装在经纬仪上，便于同时测定距离和角度，故在工程测量中使用较为广泛。目前，红外测距仪的类型较多，由于仪器结构不同，操作方法各异，使用时应严格按照仪器使用手册进行操作。现仅介绍两种红外测距仪的使用方法。

任务实施

一、ND3000 红外测距仪

1. 仪器简介

ND3000 红外测距仪是我国南方公司生产的相位式测距仪，将其安置于经纬仪上(图 4-11)。它自带望远镜，望远镜的视准轴、发射光轴和接收光轴同轴。利用测距仪面板上的键盘，将经纬仪测得的竖直角输入测距仪，即可计算出水平距离和高差。

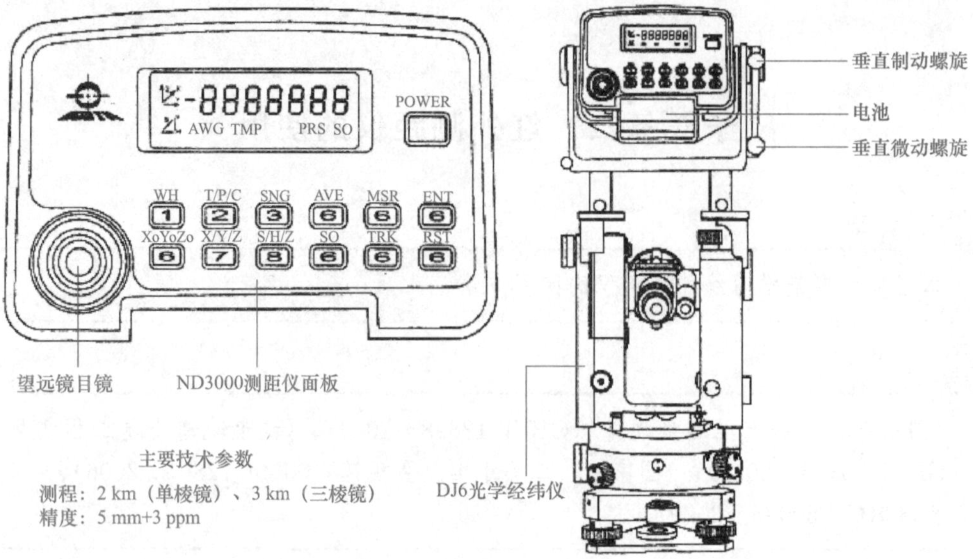

图 4-11　ND3000 红外测距仪

与测距仪配套使用的棱镜有座式和杆式之分，如图 4-12 所示。座式棱镜的稳定性和对中精度高于杆式棱镜，但杆式棱镜较为轻便，故在高精度测量中多使用座式棱镜，一般测量常使用杆式棱镜。

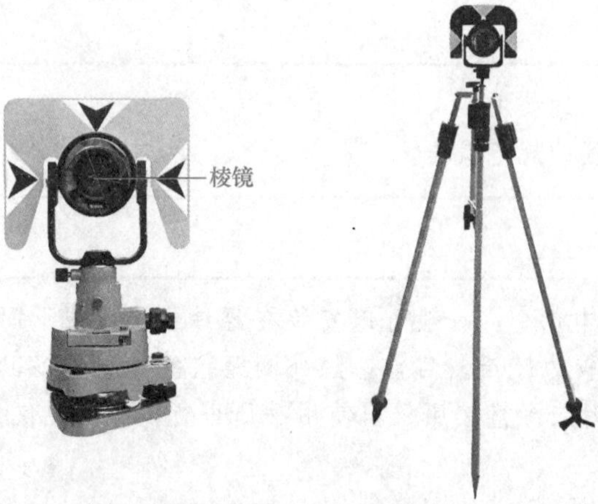

图 4-12　座式和杆式棱镜

ND3000 红外测距仪的主要技术指标如下：

(1)测程：单棱镜 2 000 m、三棱镜 3 000 m。

(2)精度：测距中误差为$\pm(5\ \text{mm}+3\times10^{-6}D)$。

(3)测尺频率：$f_{精}=14\ 835\ 547$ Hz，$f_{粗1}=146\ 886$ Hz，$f_{粗2}=146\ 854$ Hz。

(4)最小分辨率：1 mm。

(5)工作温度：$-20\sim+50$ ℃。

2. 测距方法

(1)安置仪器。在测站上安置经纬仪，将测距仪连接到经纬仪上，安装好电池。在待测点上安置棱镜，用棱镜架上的照准器照准测距仪。

(2)测量竖直角。用经纬仪望远镜照准棱镜中心，读取竖盘读数，测得竖直角。

(3)测定现场的气温和气压。

(4)测量距离。打开测距仪，利用测距仪的垂直制动和微动螺旋照准棱镜中心。检查电池电压、气象数据和棱镜常数，若显示的气象数据和棱镜常数与实际数据不符，应重新输入。按测距键即获得两点之间经过气象改正的倾斜距离。

(5)成果计算。测距仪测得的距离，需要进行仪器加常数、乘常数改正，以及气象和倾斜改正。现分述如下：

1)仪器加常数和乘常数改正。由于仪器制造误差及使用过程中各种因素的影响，对仪器加常数和乘常数一般应定期在专用的检定场上进行检定，据此对测得的距离进行加常数和乘常数的改正。

2)气象改正。测距仪的测尺长度与气温、气压有关，观测时的气象与仪器设计的气象通常不一致，因此应根据仪器厂家提供的气象改正公式对测值进行改正。当测量精度要求不高时，也可省去仪器加常数、乘常数和气象改正。

3)倾斜改正。如上所述，测距仪测得的是倾斜距离，应按照经纬仪测得的竖直角进行倾斜改正。在实际工作中，可以利用测距仪的功能键盘设定棱镜常数、气象数据和竖盘读数，仪器即可进行各项改正计算，迅速获得相应的水平距离。

二、DI1000 红外测距仪

1. 仪器简介

DI1000 红外测距仪是瑞士徕卡公司生产的相位式测距仪，它与经纬仪连接如图 4-13 所示。该仪器不带望远镜，发射光轴和接收光轴是分开的，备有专用设备与徕卡公司生产的光学经纬仪或电子经纬仪相连接。测距时，当经纬仪望远镜照准棱镜下的觇牌时，测距仪的发射光轴即照准棱镜，利用其附加键盘将经纬仪测得的竖直角输入测距仪，即可计算出水平距离和高差。

该仪器的主要技术指标如下：

(1)测程：单棱镜 800 m，三棱镜 1 600 m。

(2)精度：测距中误差为$\pm(5\ \text{mm}+5\times10^{-6}D)$。

(3)测尺频率：$f_{精}=7.492\ 700\ \text{MHz}$，$f_{粗}=74.927\ 00\ \text{kHz}$。

(4)最小分辨率：1 mm。

(5)工作温度：$-20\sim+50$ ℃。

2. 测距方法

如图 4-13 所示，DI1000 测距仪可以将测距仪直接与电池连接测距，也可以将测距仪经过附加键盘与电池连接测距。该仪器除可直接测距外，还可跟踪测设距离。仪器的操作面板如图 4-14 所示。其中，测距仪上有 3 个按键，附加键盘上有 15 个按键。每个按键具有双功能或多功能。各键的功能与使用方法可参阅仪器操作手册。测距时，用经纬仪测量竖直角，用气压计和温度计测定现场气温、气压后，用测距仪测定倾斜距离，从键盘上输入相应数据，最后获得两点之间经过气象和倾斜等各项改正的水平距离与高差。

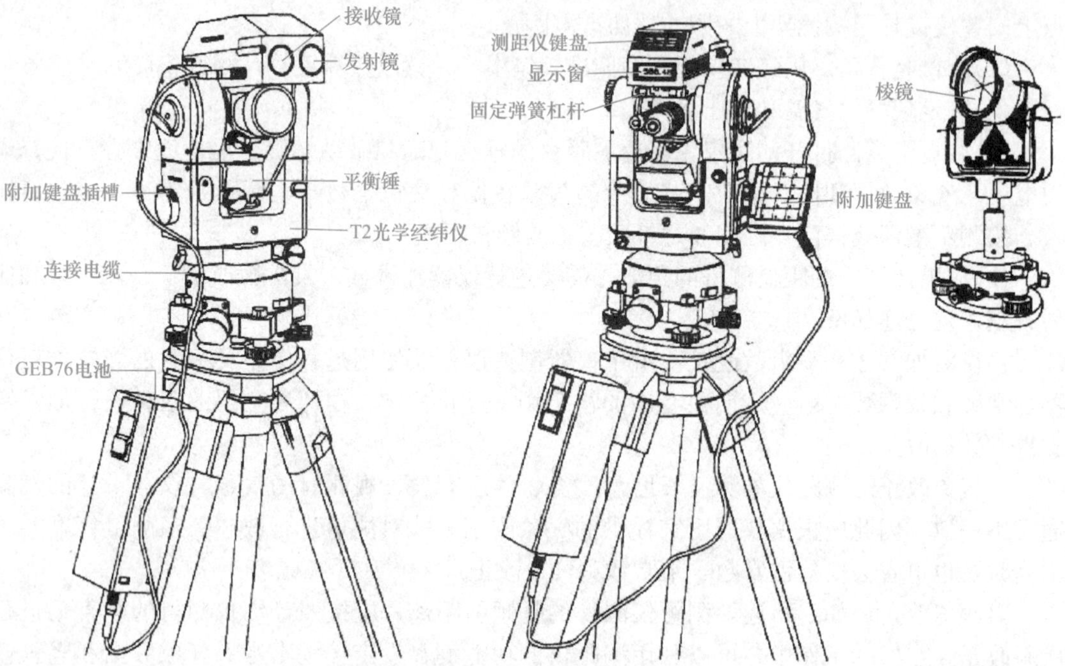

图 4-13　安装在光学经纬仪上的 DI1000 红外测距仪及其单棱镜

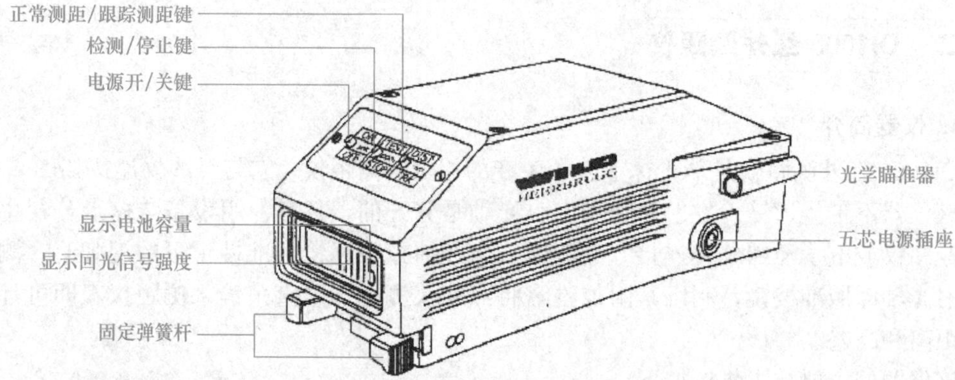

图 4-14　DI1000 的操作面板

子任务三　光电测距误差

任务指南

本任务主要是学习光电测距误差。

测量依据

《国家三、四等水准测量规范》(GB/T 12898—2009)、《城市轨道交通工程测量规范》(GB/T 50308—2017)、《国家一、二等水准测量规范》(GB/T 12897—2006)、《工程测量标准》(GB 50026—2020)。

任务目标

知识目标：掌握光电测距误差。
能力目标：能根据任务要求掌握光电测距误差。
素质目标：培养科技自信和文化自信。

任务重难点

重点：光电测距误差。
难点：光电测距误差。

知识储备

光电测距误差大致可分为两类：一是与被测距离长短无关的，如仪器对中误差、测相误差和加常数误差等，称为固定误差；二是与被测距离成正比的，如光速值误差、大气折射率误差和调制频率误差等，称为比例误差。

任务实施

一、固定误差

1. 仪器对中误差

仪器对中识差是指安置测距仪和棱镜未严格对中所产生的误差。作业时精心操作，使用经过检校的光学对中器，其对中误差一般应小于 2 mm。

2. 测相误差

测相误差包括数字测相系统的误差和测距信号在大气传输中的信噪比误差等。前者取决于仪器的性能和精度；后者与测距时的外界条件有关，如空气的透明度、闲杂光的干扰及视线离地面和障碍物的远近等，该误差具有一定偶然性，一般通过多次观测取平均值，可削弱其影响。

3. 加常数误差

仪器的加常数是由厂家测定后，预置于逻辑电路中，可以对测距结果进行自动修正。有时由于仪器元件老化等原因，会使加常数发生变化。因此，应定期检测，如有变化，需要及时在仪器中重新设置加常数。

二、比例误差

1. 光速值误差

真空光速测定的相对误差约为 0.004 ppm，即测定真空光速的误差对测距的影响是 0.004 mm/km，其值很小，可忽略不计。

2. 大气折射率误差

大气折射率主要与大气压强 p 有关。由于测距时测量大气温度和大气压强存在误差，特别是在作业时不可能实时测定光波沿线大气温度和大气压强的积分平均值，一般只能在测距仪的测站上和安置棱镜的测点上分别测定大气温度和大气压强，取其平均值作为气象改正，由此产生的误差称为大气折射率误差，也称气象代表性误差。测距时如选择气温变化较小、有微风的阴天进行，可削弱该项误差的影响。

3. 调制频率误差

仪器的"光尺"长度仅次于仪器的调制频率，目前国内外生产的红外测距仪，其精测尺调制频率的相对误差一般为 1～5 ppm，即 1 km 产生 1～5 mm 的比例误差。由于仪器在使用过程中，电子元器件老化和外部环境温度变化等原因，仪器的调制频率将发生变化，"光尺"的长度也随之发生变化，这给测距结果带来误差，因此，在定期对测距仪进行检定，按求得的比例改正数对测距进行改正。

子任务四　测距仪使用注意事项

任务指南

本任务主要是学习测距仪使用注意事项。

测量依据

《国家三、四等水准测量规范》(GB/T 12898—2009)、《城市轨道交通工程测量规范》(GB/T 50308—2017)、《国家一、二等水准测量规范》(GB/T 12897—2006)、《工程测量标准》(GB 50026—2020)。

任务目标

知识目标：掌握测距仪使用注意事项。

能力目标：能根据任务要求掌握测距仪使用注意事项。

素质目标：培养自主探究能力。

任务重难点

重点：测距仪使用注意事项。

难点：测距仪的规范使用。

知识储备

(1)如前所述，应定期对仪器进行固定误差和比例误差的检定，使测量的精度达到预定要求。

(2)目前红外测距仪一般采用镍镉可充电电池供电，这种电池具有记忆效应，因此应确认电池的电量全部用完才可充电，否则电池的容量将逐渐衰减甚至损坏。

(3)观测时切勿将测距头正对太阳，否则将会烧坏发光管和接收管，并应用伞遮住仪器，否则仪器受热，降低发光管效率，影响测距效果。

(4)反射信号的强弱对测距精度影响较大，因此要认真照准棱镜。

(5)主机应避开高压线、变压器等强电干扰，视线应避开反光物体及有电信号干扰的地方，尽量不要逆光观测。若观测时视线临时被阻，则该次观测结果应舍弃并重新观测。

(6)应认真做好仪器和棱镜的对中整平工作，并令棱镜对准测距仪，否则将产生对中误差及棱镜的偏歪和倾斜误差。

(7)应在关机状态接通电源，关机后再卸电源。观测完毕应随即关机，不能带电迁站。应保持仪器和棱镜的清洁与干燥，注意防潮、防振。

(8)应选择大气比较稳定，通视比较良好的条件下观测。视线不宜靠近地面或其他障碍物。

任务四　直线定向

子任务一　方位角

任务指南

本任务主要是学习方位角的定义，会计算方位角，通过学生自主探究、教师示范讲解和课后习题的解答掌握教学重难点。

测量依据

《国家三、四等水准测量规范》(GB/T 12898—2009)、《城市轨道交通工程测量规范》(GB/T 50308—2017)、《国家一、二等水准测量规范》(GB/T 12897—2006)、《工程测量标准》(GB 50026—2020)。

任务目标

知识目标：掌握方位角的定义和计算。

能力目标：能根据任务要求计算方位角。

素质目标：培养自主探究能力。

任务重难点

重点：方位角的定义。

难点：方位角的计算。

知识储备

在测量工作中，常常需要确定两点在平面坐标中的相对关系。要确定这种关系，仅量得两点间的距离是不够的，还需要知道这条直线的方向，才能确定两点间的相对位置。一条直线的方向是根据某一起始方向来确定的，确定一条直线与起始方向的关系称为直线定向。

任务实施

一、起始方向

精讲点拨：直线定向

在测量工作中，通常以真北方向、磁北方向或坐标纵轴作为起始方向。

(1)真北方向：是通过地面上一点的真子午线切线的正向。真北方向可以用天文观测方法测定。

(2)磁北方向：是通过地面上一点的磁子午线切线的正向。磁北方向可以用罗盘仪观测得到。

由于地磁的两极与地球的两极并不重合，故同一点的磁北方向和真北方向通常是不一致的，它们之间的夹角称为磁偏角，以 δ 表示，如图 4-15 所示。

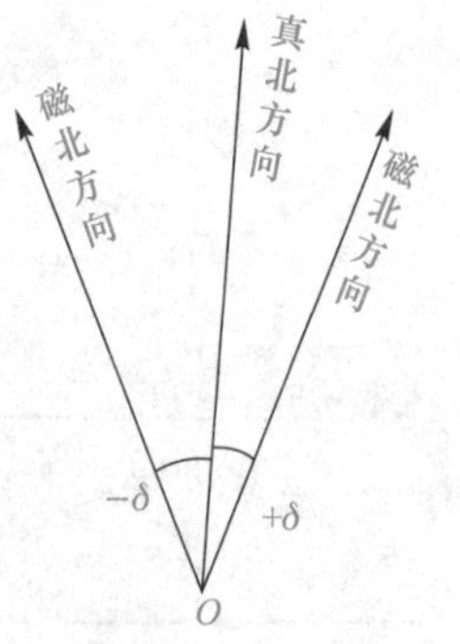

图 4-15 磁偏角

当磁针北端偏向真北方向以东称为东偏，其磁偏角为 $+\delta$；偏向真北方向以西称为西偏，其磁偏角为 $-\delta$。在不同地方磁偏角的大小并不相同，即使同一地点，随着时间的不同，磁偏角的大小也有变化。虽然磁北方向与真北方向不重合，但它接近真北方向；而且测定磁北方向方法简单，因此，常作为局部地区测量定向的依据。

(3)坐标纵轴：小区域的普通测量工作主要采用平面直角坐标来确定位置，因而常以坐标纵轴作为起始方向线，故往往在某点测定其磁北方向或真北方向后，以平行于该方向的纵坐标轴作为起始方向，这样对计算较为方便。

二、方位角

从起始方向北端起，顺时针方向量到某一直线的水平角称为该直线的方位角。方位角的大小为 0°～360°。

以真北方向作为起始方向的方位角称为真方位角，以磁北方向作为起始方向的方位角称为磁方位角。磁方位角与真方位角之间相差一个磁偏角，若该点的磁偏角已知，则可进行换算。如图 4-16 所示，$A_{真}$ 和 $A_{磁}$ 分别为直线的真方位角和磁方位角，δ 为磁偏角，则有下列关系式：

$$A_{真}=A_{磁}\pm\delta \tag{4-21}$$

式中的磁偏角 δ，东偏为正，西偏为负。

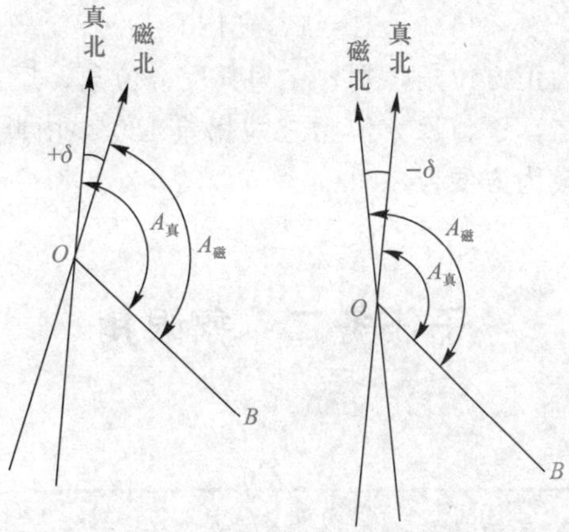

图 4-16　真方位角和磁方位角

由于地球上各点的真北方向都是指向北极，并不相互平行，因此，同一直线上从不同点的真北方向起算，其方位角也不相等。如图 4-17 所示，在直线 MN 上，M 至 N 的方位角为 A_{MN}。N 至 M 的方位角为 A_{NM}。它们的关系是

$$A_{NM}=A_{MN}+180^{\circ}+\gamma \tag{4-22}$$

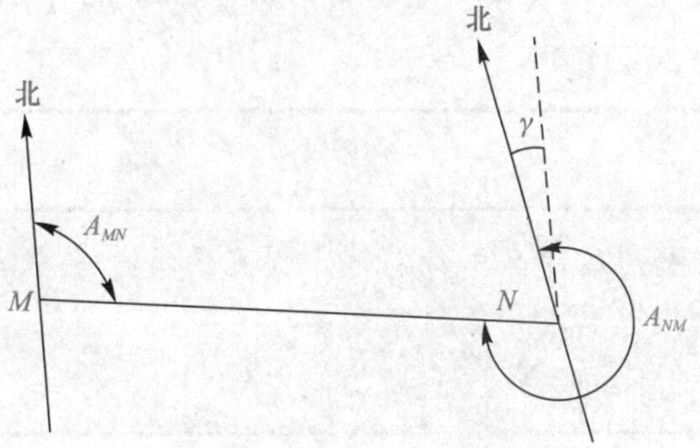

图 4-17　正反真方位角

其中 γ 为两点真北方向间所夹的角度，称为子午线收敛角。如果两点相距不远，其收敛角甚小，可忽略不计。故在小区域进行测量时，可将各点的真北方向视为平行，也即以坐标纵轴作为定向的起始方向。这样，以纵坐标轴北端按顺时针方向量到一直线的角度就称为该直线的坐标方位角。如图 4-18 所示，α_{AB} 为 A 至 B 的坐标方位角，α_{BA} 为 B 至 A 的坐标方位角。其关系式为

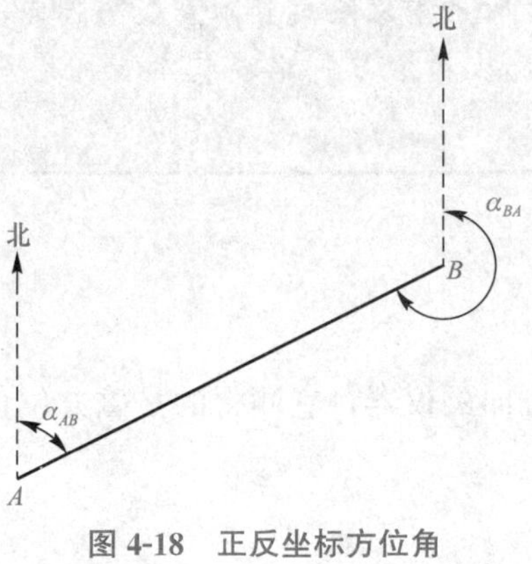

图 4-18　正反坐标方位角

$$\alpha_{BA}=\alpha_{AB}\pm180°$$

按直线方向如称 α_{BA} 为正方位角，则 α_{AB} 为其反方位角；反之，如称 α_{AB} 为正方位角，则 α_{BA} 为其反方位角。总之，正、反方位角之间相差 180°。由此可见，采用坐标纵轴作为定向的起始方向，对计算较为方便。

子任务二　象限角

任务指南

本任务主要是学习象限角的定义，会计算象限角，通过学生自主探究、教师示范讲解和课后习题的解答掌握教学重难点。

测量依据

《国家三、四等水准测量规范》(GB/T 12898—2009)、《城市轨道交通工程测量规范》(GB/T 50308—2017)、《国家一、二等水准测量规范》(GB/T 12897—2006)、《工程测量标准》(GB 50026—2020)。

任务目标

知识目标：掌握象限角的定义和计算，掌握象限角和方位角的区别。

能力目标：能根据任务要求计算象限角。

素质目标：培养分析问题、解决问题的能力。

任务重难点

重点：象限角的定义。

难点：象限角与方位角的区别。

知识储备

在实际工作中，人们有时也用象限角表示直线的方向，或为了计算方便，把方位角换算成象限角。象限角是从起始方向北端或南端到某一直线的锐角，它的大小为 0°～90°。

任务实施

罗盘仪是用来测定直线方向的仪器，它测得的是磁方位角，其精度虽不高，但具有结构简单、使用方便等特点。

一、罗盘仪的构造

罗盘仪主要由磁针、刻度盘和望远镜三部分组成(图 4-19)。磁针位于刻度盘中心的顶针上，静止时，一端指向地球的南磁极；另一端指向北磁极。一般在磁针的北端涂以黑漆，在南端绕有铜丝，可以用此标志来区别北端或南端。磁针下有一小杠杆，不用时应拧紧杠杆一端的小螺栓，使磁针离开顶针，避免顶针不必要的磨损。刻度盘的刻划通常以 1°或 30′为单位，每 10°有一注记，刻度盘按反时针方向从 0°注记到 360°。望远镜装在刻度盘上，物镜端与目镜端分别在刻划线 0°与 180°的上面(图 4-20)。罗盘仪在定向时，刻度盘与望远镜一起转动指向目标，当磁针静止后，度盘上由 0°逆时针方向至磁针北端所指的读数，即所测直线的方位角。

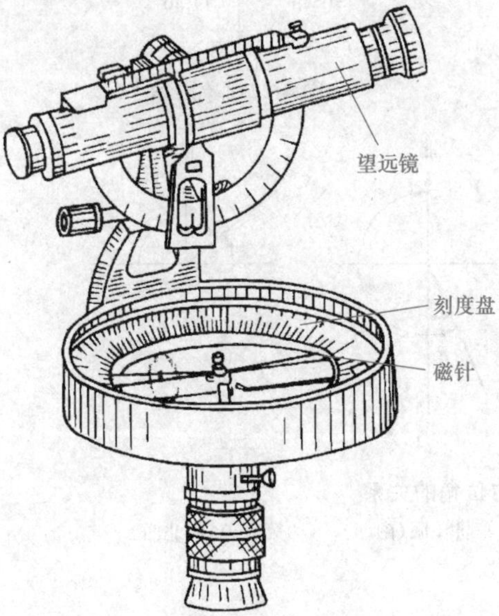

图 4-19　罗盘仪

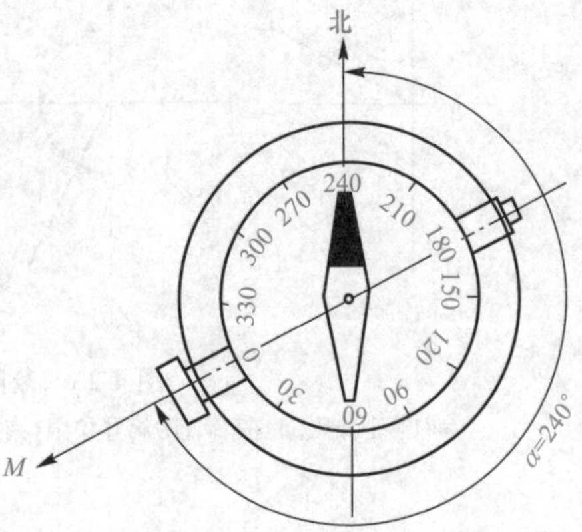

图 4-20　罗盘仪刻度及读数

二、用罗盘仪测定直线方向

如图 4-21 所示，为了测定直线 AB 的方向，将罗盘仪安置在 A 点，用垂球对中，使度盘中心与 A 点处于同一铅垂线上，再用仪器上的水准管使度盘水平，然后放松磁针，用望远镜瞄准 B 点，待磁针静止后，磁针所指的方向即磁北方向，磁针指北的一端在刻度盘上的读数即直线 AB 的磁方位角。

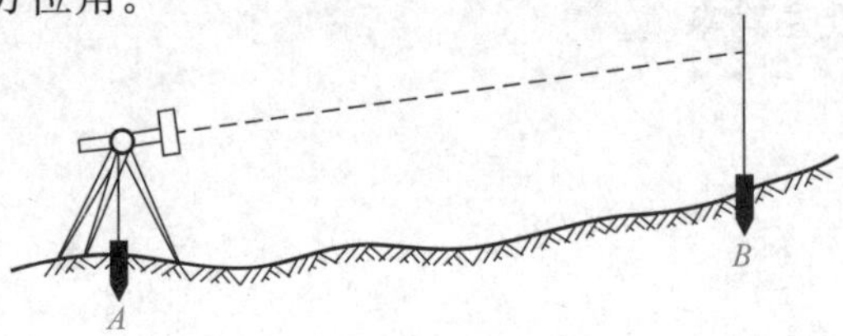

图 4-21　罗盘仪测定直线方向

使用罗盘仪进行测量时，附近不能有任何铁器，并要避免高压线，否则磁针会发生偏转，影响测量结果。必须等待磁针静止才能读数，读数完毕应将磁针固定以免其顶针被磨损。若磁针摆动相当长时间还无法静止，这表明仪器使用太久，磁针的磁性不足，应进行充磁。

用象限角表示直线方向时，要特别注意，不但要注明角值的大小，而且要注明所在的象限，如图 4-22 所示。

OA 的象限角为北东 45°30′。

OB 的象限角为南东 39°40′。

OC 的象限角为南西 50°40′。

OD 的象限角为北西 19°56′。

如以 α 表示方位角，R 表示象限角，根据图 4-23 不难找出方位角和象限角的换算关系。

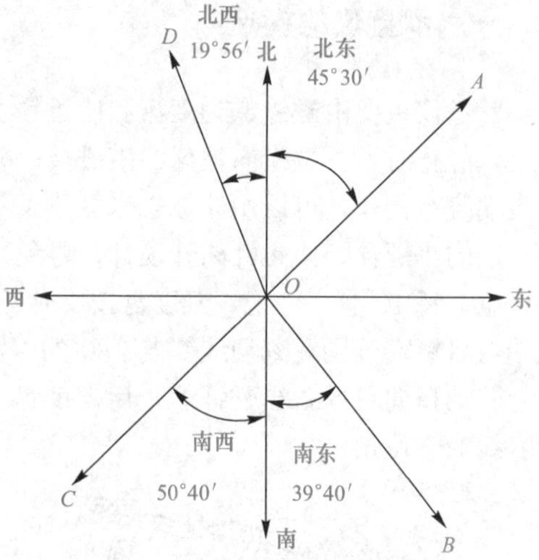

图 4-22　象限角

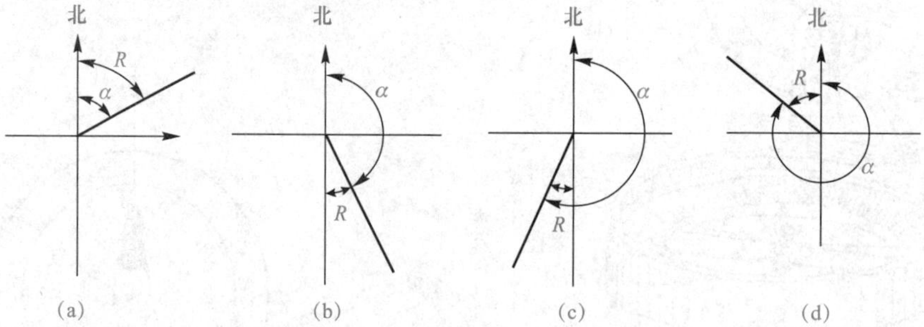

图 4-23　象限角与方位角的关系

(a)第Ⅰ象限(北东)；(b)第Ⅱ象限(南东)；(c)第Ⅲ象限(南西)；(d)第Ⅳ象限(北西)

项目总结

本项目主要是距离测量和直线定向知识，主要包括距离测量的方法和直线定向的定义。距离测量主要包括钢尺量距、视距测量和电磁波测距 3 种方法；直线定向主要是方位角的概念、正反坐标方位角的关系及方位角的推算。

温故知新

1. 解释下列名词：方位角、象限角。
2. 距离测量的方法及注意事项。

参考答案

学有余力

关于测量名人故事。

知识拓展：梁思成

项目五　全站仪

项目描述

20 世纪 70 年代，随着光电测距技术和光电测角技术的发展及其结合，一种集测距装置、测角装置和微处理器为一体的新型测量仪器应运而生。这种能自动测量和计算，并通过电子手簿或直接实现自动记录、存储和输出的测量仪器，称为全站型电子速测仪，简称全站仪(Total Station)。其基本功能是测量水平角、竖直角和斜距，借助机载程序，可以组成多种测量功能，如计算并且显示平距、高差和点位坐标，进行偏心测量、悬高测量、对边测量、后方交会法测量、面积计算等。

任务一　全站仪简介

任务指南

本任务是认识全站仪的基本结构。

测量依据

《国家三、四等水准测量规范》(GB/T 12898—2009)、《城市轨道交通工程测量规范》(GB/T 50308—2017)、《国家一、二等水准测量规范》(GB/T 12897—2006)、《工程测量标准》(GB 50026—2020)。

任务目标

知识目标：认识全站仪的结构。

能力目标：能根据任务要求说出全站仪结构。

素质目标：培养自主探究能力。

任务重难点

重点：全站仪的基本结构。

难点：全站仪的基本结构。

知识储备

光电测距技术的问世开启了以全站仪光电测量技术风行土木工程领域的时代，世界各地相继出现全站仪研制、生产热潮，有拓普康(Topcon)、宾得(Pentax)、索佳、尼康等厂家。20 世纪 90 年代末，我国研制生产全站仪的有北京测绘仪器厂、广州南方测绘仪器公司、苏州第一光学仪器厂、常州大地测量仪器厂等。

任务实施

一、全站仪结构形式

(1)对于基本性能相同的各种类型的全站仪，其外部可视部件基本相同。与电子经纬仪、光学经纬仪相比，全站仪沿用了光学经纬仪的基本特点，同时其增设有键盘按钮、显示屏等其他部件，具有比其他测角、测距仪器更多的功能，而且使用也更加方便、智能，这些特殊部件构成了全站仪在结构方面独树一帜的特点。

精讲点拨：全站仪的认识及其使用

(2)在内部结构关系上，全站仪保留光学经纬仪的基本轴线：望远镜视准轴 CC，横轴 HH，竖轴 VV，水准管轴 LL。这些轴线必须满足表 5-1 的规定。

表 5-1　全站仪内部结构关系

应满足条件	目的	备注
$LL \perp VV$	当气泡居中时，LL 水平，VV 铅垂，水平度盘水平	VV 铅垂是前提
$CC \perp HH$	望远镜绕 HH 纵转时，CC 移动轨迹为一平面	否则为一圆锥面
$HH \perp VV$	LL 水平时，HH 也水平，使 CC 移动轨迹为一铅垂面	否则为一倾斜面
“丨”$\perp HH$	望远镜绕 HH 纵转时，“丨”位于铅垂面内，可检查目标是否倾斜或照准位于该铅垂面内任意位置的目标	“丨”指十字丝竖丝
光学对中器的视线与 VV 重合	使竖轴旋转中心(水平度盘中心)位于过测站的铅垂线上	
$x=0$	便于竖直角测量	

(3)电子补偿器。仪器未精确整平致使竖轴倾斜引起的角度观测误差不能通过盘左、盘右观测取平均值抵消，为了消除竖轴倾斜误差对角度观测的影响，全站仪设有电子补偿器。打开补偿器，仪器能将竖轴倾斜分解成视准轴方向和横轴方向两个分量进行倾斜补偿，即双轴补偿。

二、全站仪基本技术装备

全站仪基本技术装备包括光学测量系统、光电液体补偿技术、测量计算机系统。具有基本技术装备的全站仪属于基本型全站仪。有的仪器还设有光电自动瞄准和跟踪系统，属于自动型全站仪。

三、全站仪应用

全站仪作为最常用的测量仪器之一，其应用范围已不仅局限于测绘工程、建筑工程、交通与水利工程、地籍与房地产测量，而且在大型工业生产设备和构件的安装调试、船体设计施工、大桥水坝的变形观测、地质灾害监测及体育竞技等领域中都得到了广泛的应用。

任务二　全站仪的基本操作和功能

子任务一　全站仪基本操作

任务指南

本任务主要是围绕某建筑施工项目，熟练操作全站仪。

测量依据

《工程测量标准》(GB 50026—2020)。

任务目标

知识目标：掌握全站仪的操作原理，认识全站仪的构造。

能力目标：能根据任务要求操作全站仪。

素质目标：培养自主探究能力。

任务重难点

重点：全站仪的操作。

难点：全站仪的规范操作。

知识储备

全站仪是由电子测角、光电测距与机载软件组合而成的智能光电测量仪器。它的发展改变了测量作业的方式，极大地提高了生产效率。

任务实施

一、仪器的安置

实操实战：全站仪的对中整平

将仪器安置在三脚架上，精确整平和对中，以保证测量成果的精度，应使用专用的中心连接螺旋的三脚架。

(1)将仪器安置在三脚架上。

(2)利用对中器对中。可以选择利用光学对中器对中，方法与经纬仪光学对中器使用的方法相同；但对于现在激光对中型全站仪的出现，也可以直接利用激光对中器对中。

(3)利用圆水准器粗平仪器。调节三脚架，使圆水准气泡居中，方法同经纬仪的使用方法。

(4)利用长水准器(图 5-1)精平仪器。

1)松开水平制动螺旋、转动仪器使管水准器平行于某一对脚螺旋 A、B 的连线。再旋转脚螺旋 A、B，使管水准器气泡居中。

2)先将仪器竖轴旋转 90°，再旋转另一个脚螺旋 C，使管水准器气泡居中。

3)旋转 90°，重复 1)、2)步骤，直至 4 个位置上气泡全部居中为止。

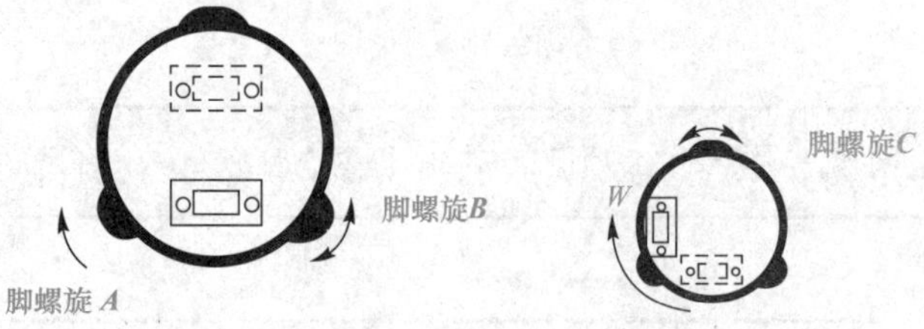

图 5-1　长水准器

(5)精平仪器。移动基座，精确对中(只能前后、左右移动，不能旋转)。

(6)重复(4)、(5)步骤，直到完全对中、整平。

二、测量前仪器状态准备

(1)供电检查。

(2)角度测量：方向值置零，度盘配置。

(3)距离测量：反射器常数、气象改正的设定。

(4)加常数、乘常数的设定。

实操实战：全站仪竖直角测量

三、角度测量

从显示窗获得瞄准目标后的方向值。

四、距离测量

测距方法可以选择斜距测量、平距测量。

测距模式共有连续测距、单次测距和跟踪测距这三种模式。

五、记录存储

全站仪都设有数据存储器。

子任务二　全站仪的程序测量功能

任务指南

本任务主要是围绕校园实际建筑施工项目，熟练使用全站仪。

测量依据

《工程测量标准》(GB 50026—2020)。

任务目标

知识目标：掌握全站仪的施测方法。
能力目标：能根据任务要求使用全站仪。
素质目标：培养规范操作的意识。

任务重难点

重点：全站仪的放样步骤。
难点：全站仪的实践测量。

知识储备

全站型电子速测仪简称全站仪，是由光电测距仪、电子经纬仪和数据处理系统组成的。一台全站仪除能自动测距、测角外，还能快速完成一个测站所需完成的工作，包括平距、高差、高程、坐标及放样等方面数据的计算。

任务实施

一、坐标测量

输入测站点的坐标、点号、仪器高和后视点的坐标、点号、棱镜高，设置测站点到后视点的方位角照准待测点，通过按键操作，仪器自动完成，如图 5-2 所示。

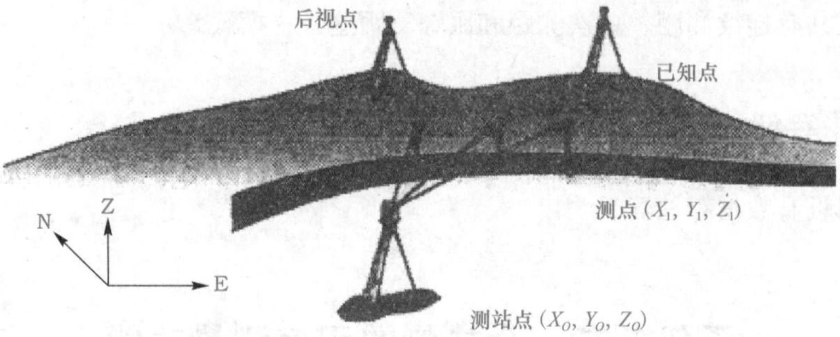

图 5-2　全站仪坐标测量

二、坐标放样

放样程序可以帮助工作人员在工作现场根据点号和坐标值将该点定位到实地。

如果放样点坐标数据未被存入仪器内存，则可以通过键盘输入内存，坐标数据也可以根据在内业时通过通信电缆从计算机上传到仪器内存，以便到工作现场能快速调用。

坐标放样(图 5-3)步骤如下：

(1)选择测量数据文件和坐标数据文件。可以进行测站坐标数据及后视坐标数据的调用。

(2)置测站点。

(3)置后视点，确定方位角。

(4)输入或调用待放样点坐标，开始放样。

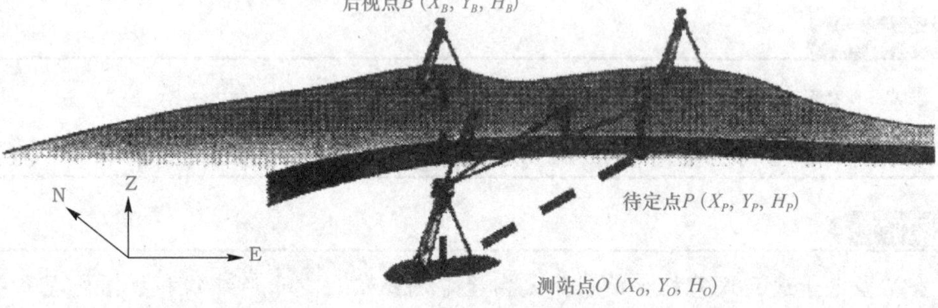

图 5-3　坐标放样

$$\beta=\alpha_{OP}-\alpha_{OB}=\arctan\frac{Y_P-Y_O}{X_P-X_O}-\arctan\frac{Y_B-Y_O}{X_B-X_O}\quad d_{OP}=\sqrt{(X_P-X_O)^2+(Y_P-Y_O)^2}$$

三、后方交会

全站仪后方交会测量是指通过观测待定点到两个控制点的水平距离来快速确定待定点的平面坐标(两边交会)。该方法因不需要已知点之间相互通视，不必考虑大气折光对距离、测角的影响，且大多数全站仪有该方法的固化程序模块等优势。因此，其在控制、监测等实际测量工作中得到非常广泛的应用。一般在保证已知点位精度的前提下，所观测的已知点越多，待定点的精度也就越高。

全站仪后方交会(测边交会)的精度，不仅与 S_1 和 S_2 的测距精度有关，而且与交会角度的大小有关。为确保待定点的观测精度，两点后方交会应注意的以下几个问题：

(1)保证已知点坐标值输入的正确性；

(2)应注意待定点与各已知点的夹角合理性。

若两个已知点之间的夹角十分狭小时将不能准确计算出测站点坐标。在测站与已知点的距离过长时，一般这个角度应为 30°～150°，且应避免待定点(测站)与已知点位于同一圆周(危险圆)上，如图 5-4 所示。

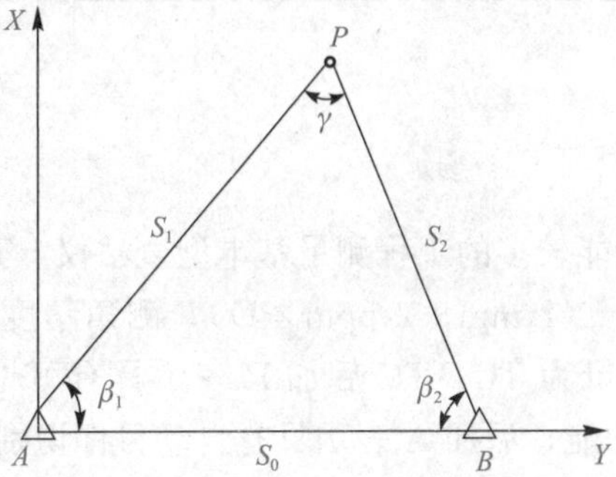

图 5-4　全站仪自由设站测边交会

任务三　全站仪应用

子任务一　徕卡 TPS1200 全站仪

任务指南

本任务主要是了解徕卡 TPS1200 全站仪，熟悉掌握全站仪的操作方法。

测量依据

《工程测量标准》(GB 50026—2020)。

任务目标

知识目标：掌握全站仪最基本的原理，认识全站仪的构造。

能力目标：能根据任务要求操作全站仪。

素质目标：培养规范操作的意识。

任务重难点

重点：全站仪的构造。
难点：全站仪的应用。

知识储备

“TC”是瑞士 Leica 公司全站仪系列型号的标名之一，如 TC1 全站仪是其中的一种早期产品。

任务实施

TC600 全站仪是一种功能较多的工程测量基本型全站仪，TC 系列全站仪的技术指标随仪器而异，一般测距精度在±(2 mm＋2 ppm×D)，测角精度±1.5″以上的是精密型全站仪。全站仪的基本型编号字母为 TC，TC 后加 R 表示具有可见指向激光免棱镜测距功能，后加 M 表示具有马达驱动功能，后加 A 表示具有自动目标识别与照准功能，后加 P 表示具有超级搜索功能，凡型号中有字母 A、P 的都具有 EGI 导向光功能。

图 5-5 所示为徕卡公司 2004 年推出的智能全站仪 TCRA1202 系列，各部件的名称如图 5-5 注释，操作面板如图 5-6 所示。TCRA2202 系列全站仪有 1201、1202、1203、1205 四种型号，一测回方向观测中误差为±1″、±2″、±3″、±5″，测距精度为 2 mm＋2 ppm(有棱镜)、3 mm＋2 ppm(免棱镜＜500 m)，测程为 3 km(单圆棱镜)、1.5 km(360°棱镜)、1.2 km(微型棱镜)、500 m(反射片)。

图 5-5、图 5-6 所示为徕卡 TCRA1202 全站仪，除全站仪具备的基本功能外，它还具有红色指向激光、免棱镜测距和马达驱动自动目标识别与照准功能。

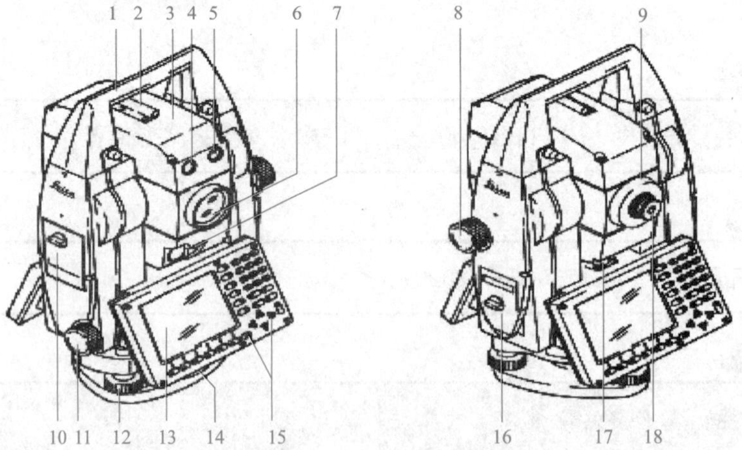

图 5-5　徕卡全站仪构造

1—提把；2—粗瞄器；3—集成了 EDM、ATR、EGL、PS 的望远镜；4—EGL 的闪烁二极管一黄；5—EGL 的闪烁二极管一红；6—为测角测距设置的同轴光学部件，也用于无棱镜测距仪器的红色激光束输出；7—超级搜索；8—垂直微动螺旋；9—调焦环；10—CF 卡插槽；11—水平微动螺旋；12—基座脚螺旋；13—显示屏；14—基础保险钮；15—键盘；16—电池插槽；17—圆水准器；18—可互换目镜

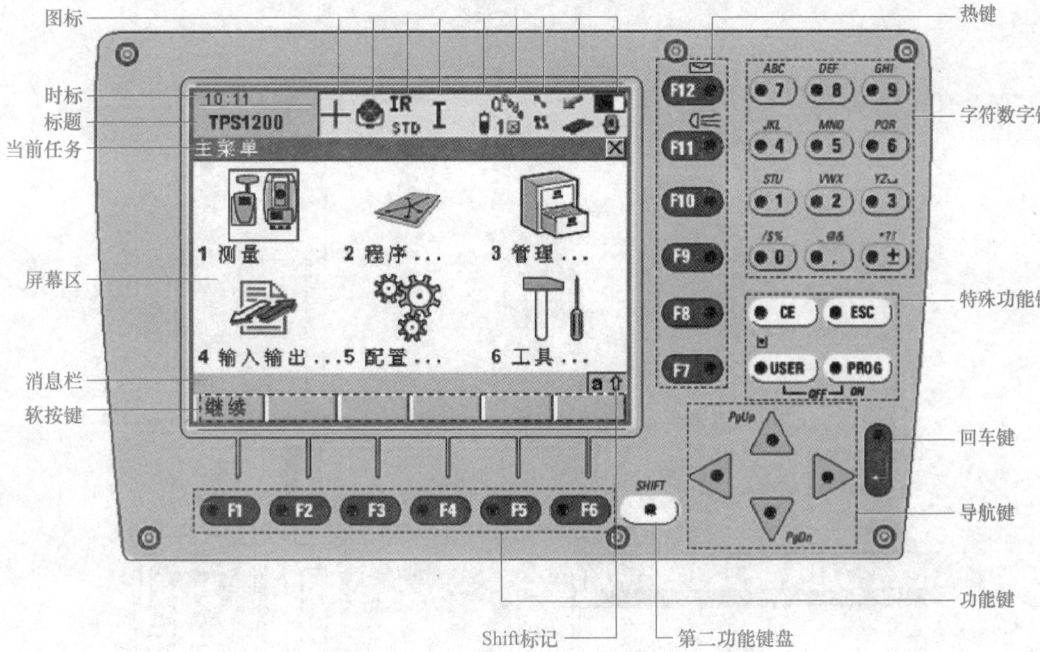

图 5-6　徕卡 TCRA1202 键盘和显示窗

(1)自带电子罗盘仪，测定望远镜视线磁方位角的精度为±1°，如图 5-7 所示。

(2)免棱镜测距采用徕卡专利技术 PinPointR100/R300，其中，R100 使用 1 级可见红色激光测距，测程为 170 m；R300 使用 3 级可见红色激光测距，测程为 500 m，照射到被测物体表面的激光光斑尺寸为 12 mm×40 mm(100 m 处)。除可见红色激光指向外，司镜员通过观察两个 EGL 导向光发射镜交替发射的闪烁光也可以大略确定仪器视线方向，其有效距离为 150 m，在 100 m 处的指向精度为±5 cm。按键可开/关激光指示、导向光及分划板照明。

(3)在自动目标识别模式下，只需要粗略照准棱镜，仪器内置的 CCD 相机能立即对返回信号进行分析，并通过马达驱动照准部与望远镜旋转，自动照准棱镜中心进行测量，能自动进行正、倒镜观测。该观测模式对于需要进行多次重复观测的点非常有用，如可以实现对大型水坝变形点进行无人值守的连续监测。

(4)在自动跟踪模式下，仪器能自动锁定目标棱镜并对移动的 360°棱镜进行自动跟踪测量，其中径向跟踪速度为 4 m/s，切向跟踪速度为 25 m/s(100 m 处)，仪器内设的智能化软件能利用 CCD 相机对返回信号进行分析处理，排除外界其他反射物体成像的干扰，保证在锁定目标暂时失锁时，也能立即恢复。

(5)镜站遥控测量，司镜员单人可以进行整个测量工作。镜站可以通过操作 RX1220 控制器(图 5-8)遥控测站的全站仪进行放样测量，放样数据及测得的镜站当前坐标值同时显示在 RX1220 控制器中。

(6)TPS1200 系列全站仪与徕卡 GPS1200 使用相同的数据格式和数据管理，两者测量的结果可以通过 CF 卡从一种设备传送到另一种设备。

(7)测量获取的点位直接展绘在屏幕上，可以为点、线、面附加编码和属性信息，生成的图形文件可以用 AutoCAD 打开。

(8)采用数据库管理数据和进行质量检查，可以查看、编辑、删除或根据条件搜索数据。

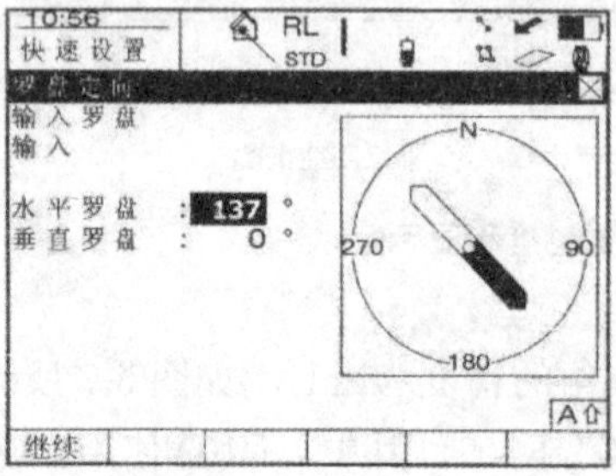

图 5-7 电子罗盘

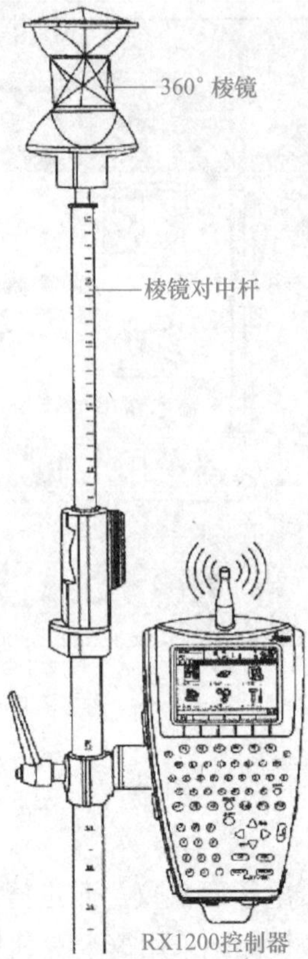

图 5-8 镜站遥控

(9)提供大量机载程序，如测量、设站、放样、坐标几何等。其他可选机载程序有参考线、多测回测角、道路测设、监测、DTM 放样等。大部分机载程序可以在 TPS1200 和 GPS1200 中运行。用户还可以编写所需的专业机载程序。

1)放样定义：使用放样程序将设计点位标定在实地。

2)坐标系统：当前激活的坐标系统必须与被放样点的坐标系统一致。如果被放样点是 WGS—84 坐标系统的坐标，而激活的坐标系统为(无)，即无法放样。

3)调用方法：程序/放样，也可以把此项功能指定给某个热键或 USER 键菜单，然后通过热键或 USER 键菜单来激活。或在其他程序中的“放样”软按键。

4)点类型可以放样的点有以下类型：

①仅平面位置的点；

②仅高程；

③三维坐标。

5)放样的一般步骤如下：

①数据准备，将要放样的点数据存放在一个作业中。

②程序/放样进入开始放样窗口，在这里进行放样准备，选定放样作业、工作作业，选择坐标系统、配置集、棱镜，如图 5-9 所示。

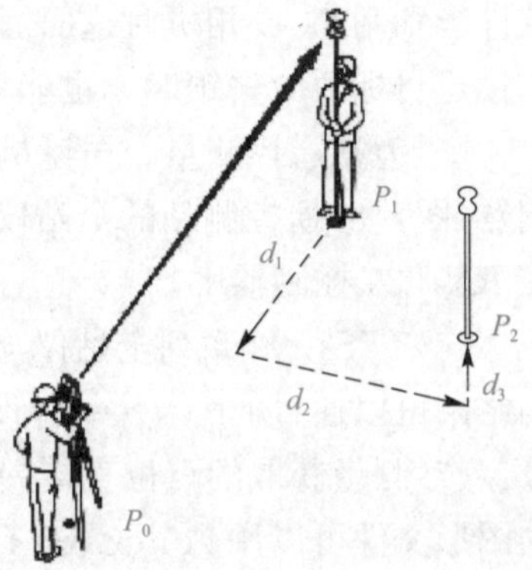

图 5-9 放样

③F3(设站)，进行测站设置(确定测站点、定向等)。

设站方法与常规测量设站相同，如图 5-10 所示。

④F2(设置)，进行放样模式、图形显示及指示等选择。进行放样前的参数配置，如图 5-11 所示。

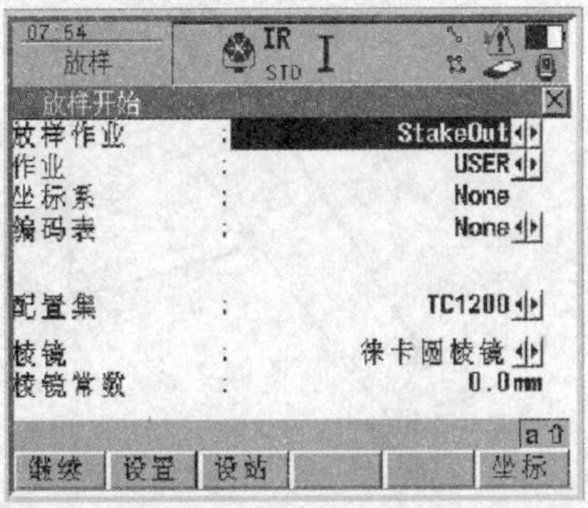

图 5-10 放样显示屏

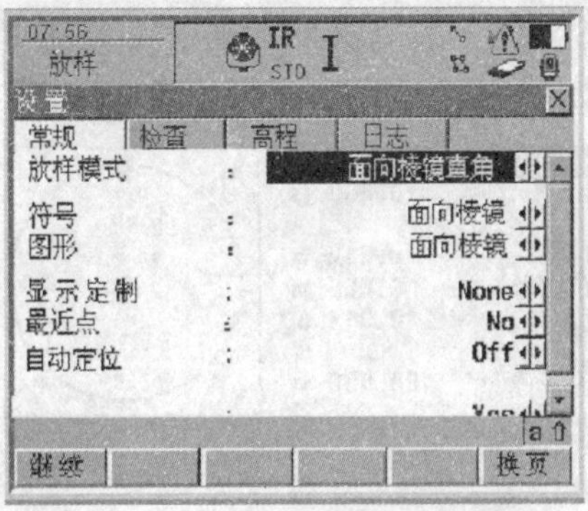

图 5-11 放样的设置窗口

a. 放样模式：从四种放样模式中选取一种。

b. 符号：面向棱镜：箭头符号定义为以观测者为基准面向棱镜。

面向测站：箭头符号定义为以持镜者为基准面向测站。

关：无指示箭头显示。

c. 图形：面向棱镜：图形以测站至棱镜方向放置。

面向测站：图形以棱镜至测站方向放置。

朝南：图形下为北，上为南。

朝北：图形下为南，上为北。

关：无图形显示

d. 显示定制：选择显示模板。

e. 最近点：是否启动最近点搜索，以便下一个放样点走的路最少。

是：放样下一点时采用最近点搜索。

否：按作业中点的顺序放样下一个点。

f. 自动定位：

2D：仪器自动指向放样点的水平方向。

3D：仪器自动指示水平方向及高程。

关：仪器不做指向动作。

g. 角度刷新：

是：测距后，仪器的角度显示随仪器望远镜的转动实时刷新。

否：测距后，角度和放样元素值更新一次，然后到下一次测距再更新。

h. 功能键：

继续：按 F1(继续)键确认设置进行放样环节。

换页：按 F6(换页)键可以在常规、检查、高程和日志四个页面间切换。

⑤F1(继续)键，进入选定放样模式的放样窗口进行实地放样。

6)放样方法。

①正交法放样(面向测站/面向棱镜)，如图 5-12、图 5-13 所示。正交法放样的放样元

素是根据测站与当前棱镜位置的连线计算的，并用水平距离表示。用向前、向后、向左、向右指示持镜员移动到设计位置。

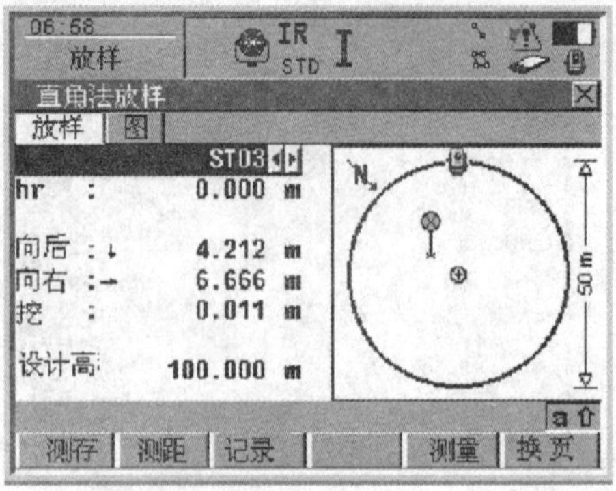

图 5-12　正交法放样设置窗口

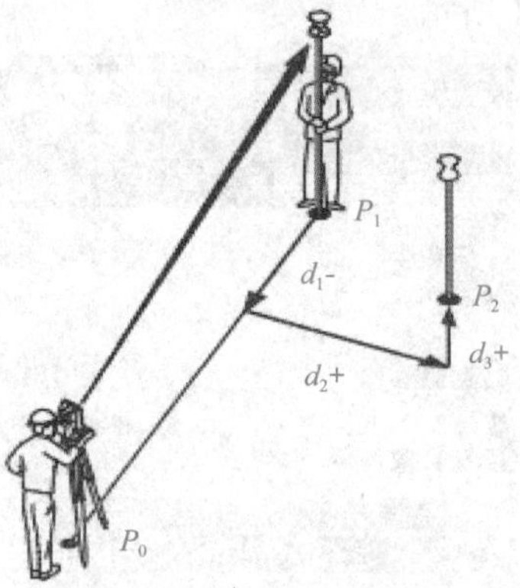

图 5-13　正交法放样

P_0—测站；P_1—当前棱镜位置；P_2—放样点位置；d_1—向前或向后；d_2—向左或向右；d_3—填或挖，所测高程高于设计高程为挖；反之为填

正交法放样设置窗口(图 5-12)说明如下：

a. ST03：用导航键选择放样点，放样作业中的所有点都在可以选用。目前放样点的点名 ST03。

b. 向前或向后：按设置的放样模式，向前或向后的移动量。

c. 向左或向右：按设置的放样模式，向左或向右的移动量。

d. hr：输入棱镜高。

②极坐标法放样。极坐标法放样是最常用的放样方法(图 5-14、图 5-15)，由相对仪器到目标点的平距差及方位角差来指示放样。

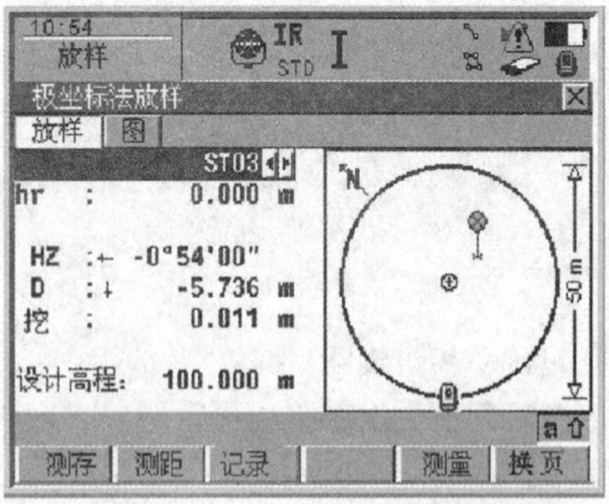

图 5-14　极坐标法放样设置窗口

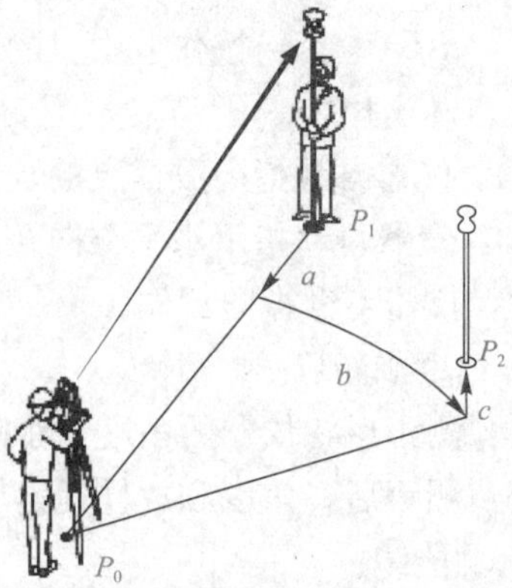

图 5-15　极坐标法放样

P_0—测站；P_1—当前棱镜位置；P_2—待放样点；a—纵向距离；b—偏角；c—填、挖量

a. 窗口功能说明。极坐标放样设置窗口(图 5-14)功能说明如下：

hr：输入棱镜高。

Hz：显示方位角差。负值表示应向角度减少方向移动。

D：显示距离差。负值表示应向距离减少方向移动。

b. 设计高程。依据开始放样窗口中的设置情况，按 Shift 键可有更多软按键，与直角法放样一样。

c. 启动方法。在放样设置窗口的放样模式栏选择极坐标法即可。

③坐标增量法放样。坐标增量法是测量当前棱镜位置后，计算出当前点坐标与放样点的坐标差来提示持镜面移动，如图 5-16、图 5-17 所示。

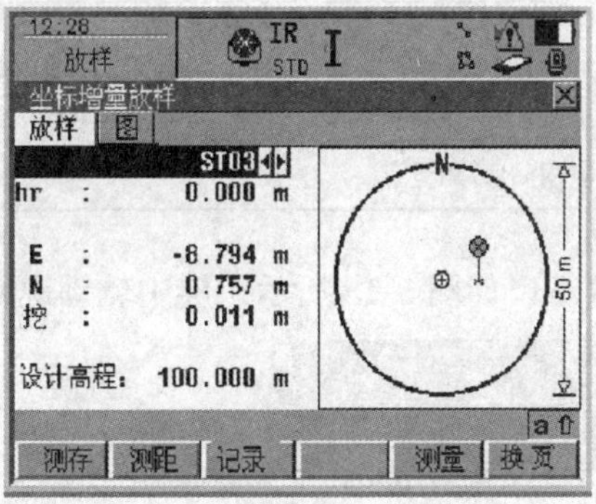

图 5-16 坐标增量法放样设置窗口

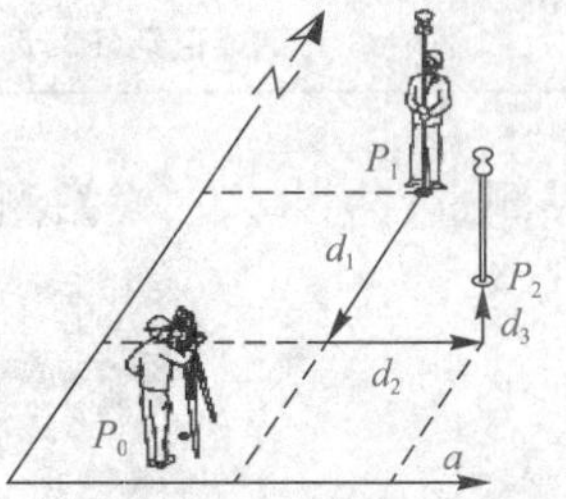

图 5-17 坐标增量法放样

P_0—测站；P_1—当前棱镜位置；

P_2—待放样点；d_1—X 坐标差；

d_2—Y 坐标差；d_3—填、挖量

a. 窗口功能说明。坐标增量放样设置窗口(图 5-16)功能说明如下：

hr：输入棱镜高。

E：东(Y)坐标差。负值表示应向西移动。

N：北(X)坐标差。正值表示应向北移动。

b. 设计高程。依据开始放样窗口中的设置情况，可或不可更改。

按 Shift 键可有更多软按键，与直角法放样一样。

c. 启动方法。在放样设置窗口的放样模式栏选择极坐标法即可。

7)后方交会法。如前所述，全站仪后方交会测量是指通过观测待定点到两个控制点的水平距离来快速确定待定点的平面坐标(两边交会)。

①要求。对 TPS1200＋而言，侧站点坐标是未知的。坐标和定向方向的确定是通过观测一个或多个已知目标点(最多 10 个目标点)实现的，仅多个角度或两个角度及距离能够被测量。

②目标点的观测步骤见表 5-2。

表 5-2 目标点的观测步骤

步骤	说明
1	按 PROG 键进入 TPS1200＋/TS30/TM30 应用程序菜单
2	选取并激活设站进入程序的第 1 个屏页

续表

步骤	说明
3	按继续(F1)键进入设站测站设置
4	(1)方法：选择后方交会或赫尔墨特后方交会。 (2)测站号：输入测站号。 (3)仪器高：输入测站上仪器的高度。 (4)固定点作业：选取包含控制点/目标点的固定点作业
5	固定点：选取测量控制点/目标点的方法。 若需要一个“标准”设站，则选取现在测量所有点。 若需要一个“在运行中”设站，则选取后来添加点
6	按继续(F1)键进入设站测量目标 1
7	设站测量目标
8	测存(F1)键或记录(F3)键或 GPS(F4)键应用 GPS 测量点

③设站测量目标××。设站测量目标设置窗口如图 5-18 所示，屏中软键说明见表 5-3。

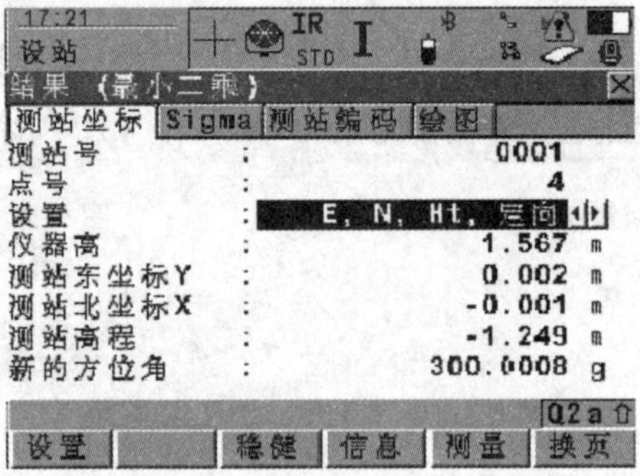

图 5-18　设站测量目标设置窗口

表 5-3　屏中软键说明

按键	说明
设置(F1)	设置在＜设置：＞中选取的数据
坐标(F2)	查看结果点坐标的其他坐标类型表示
稳健(F3)或二乘(F3)	显示稳健估计或最小二乘计算方法的结果
信息(F4)	显示辅助信息
完成(F5)	当固定点=后来添加点时可用。短暂地退出设站程序。测站设置将是不完全的，但可继续并在后来的某个时间完成测站设置
测量(F5)	当固定点=现在测量所有点时可用。测量多个目标点
Shift 键大地高(F2)键或 Shift 正高(F2)键	在椭球高和大地高之间切换
Shift 键参数(F2)键或 Shift4 参数(F2)键	在 3 参数和 4 参数赫尔墨特计算之间切换，结果立即被更新
Shift 键其他(F5)键	若两个解被计算，则可用。在这些解之间切换

④按 F5 键，测量多个目标点。

子任务二　拓普康系列测量机器人

任务指南

本任务是认识拓普康系列测量机器人。

任务目标

知识目标：掌握拓普康测量最基本的原理，认识拓普康系列测量机器人。

能力目标：能根据任务要求了解拓普康系列测量机器人。

素质目标：培养科技自信和文化自信。

任务重难点

重点：拓普康系列测量机器人的使用。

难点：拓普康系列测量机器人的认识。

知识储备

WinCE 智能马达驱动自动照准、自动跟踪全站仪 GTS-900 A/GPT-9000A，简称测量机器人。

任务实施

拓普康公司于 2007 年最新推出的世界首款 WinCE 智能马达驱动自动照准、自动跟踪全站仪 GTS-900A/GPT-9000A，简称测量机器人，其中 GTS-900A 有 GTS-901A(图 5-19)、GTS-902A、GTS-903A 三种型号，一测回方向观测中误差分别为±1″、±2″和±3″；测距精度均为 2 mm+2 ppm(有棱镜)，测程为 3 km(单棱镜)。GPT-9000A 为具有长测程脉冲免棱镜测距功能的测量机器人，它也有 GPT-9001A、GPT-9002A、GPT-9003A 三种型号，有棱镜测距精度及测程与 GTS-900A 完全相同，在免棱镜测距模式下，测程为 1.5～250 m，测距精度为 5 mm，在长免棱镜测距模式下，测程为 5～2 000 m，测距精度为 10 mm+10 ppm；双轴补偿范围扩大到±6′。其操作面板如图 5-20 所示。

测量机器人实质就是自动电子全站仪，内置 CCD 摄像头，可自动跟踪、寻找并精确照准目标；像机器人一样，按程序设计要求对成百上千个目标作持续重复观测，具有在线、灵活、高效等特点，可广泛应用于自动变形观测、精密轨道测量与监测、自动引导测量、自动扫描测量、精密工程控制网测量等领域。

仪器的主要特点如下。

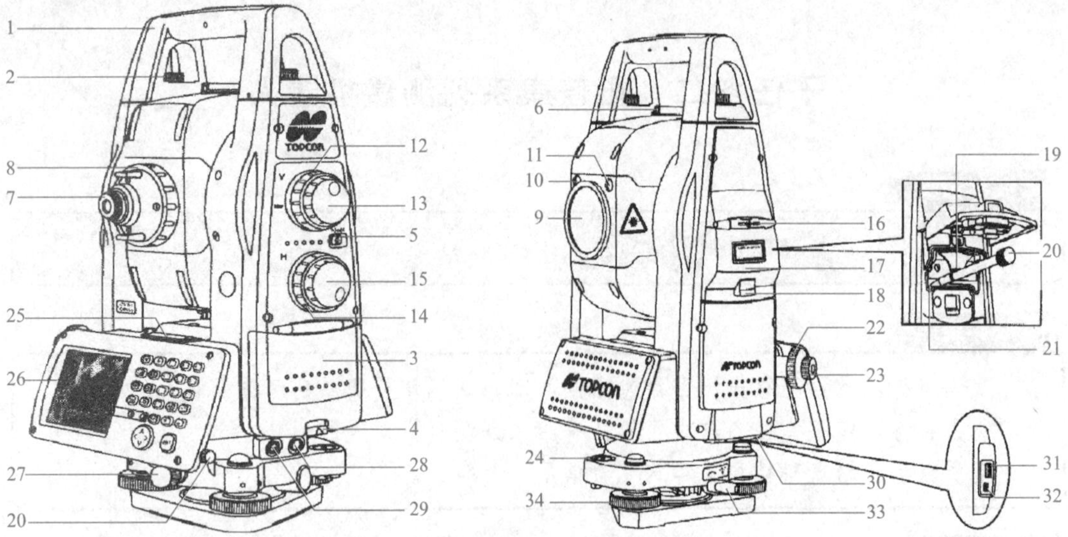

图 5-19　拓普康 GTS-901A 测量机器人

1—手柄；2—手柄固定螺钉；3—电池盒盖；4—电池盒盖按钮；5—电源开关；6—光学粗瞄器；7—目镜调焦螺旋；8—物镜调焦螺旋；9—物镜；10—CCD 摄像跟踪指示器；11—闪烁光发射镜；12—望远镜穿梭旋钮；13—望远镜微动螺旋；14—水平穿梭旋钮；15—水平微动螺旋；16—仪器高量取中心；17—CF 卡盖；18—CF 卡盖按钮；19—CF 卡拉手；20—触笔；21—硬复位按钮；22—光学对中器物镜调焦螺旋；23—光学对中器目镜调焦螺旋；24—圆水准器；25—管水准器；26—TFT 彩色触摸显示屏；27—轴套锁定保险钮；28—7.4 V 外接电源插口；29—RS-232 C 插口；30—USB 插口保护盖；31—标准 USB 插口；32—miniUSB 插口；33—轴套锁定钮；34—脚螺旋

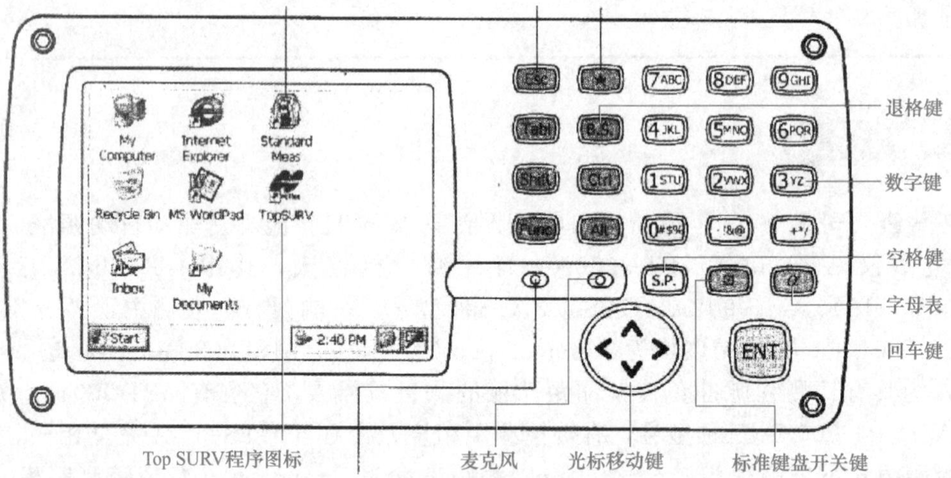

图 5-20　GTS-901A 测量机器人操作面板

一、图形化界面的机载软件 Top SURV

拓普康机载测量软件 Top SURV 具有导线测量、导线平差、碎部测量、施工放样、道路放样、偏心测量等功能模块，同时，还具备自动监测、扫描测量等功能。

二、GHz 无线数据通信

加装数传电台模块就可以实现仪器与镜站电子手簿 FC－200 的远距离无线数据传输，

其最大通信距离可达 1 000 m，全站仪测量的数据可以传输给电子手簿，电子手簿的数据或控制指令也可以快速传输到仪器，从而实现镜站控制测站仪器测量。

三、完善的遥控装置

如图 5-21 所示，RC-3 控制器由手柄遥控器 RC-3H 和镜站遥控器 RC-3R 组成。可实现对目标的快速判别、锁定、跟踪、自动照准和高精度测量，可以在大范围内实施高效的遥控测量。使用 XTRAC 技术自动搜索并精确照准棱镜或反射片的中心位置，该功能的有效作用距离为 1 000 m，其在水平与垂直方向的搜索角度范围可以由用户根据需要设置。此功能可以省人工精确照准操作。

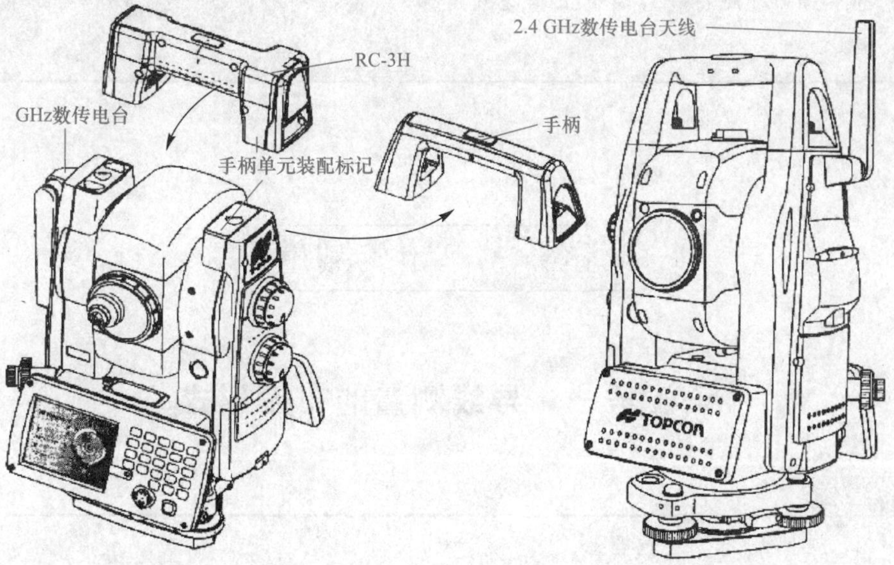

图 5-21　安装 24 GHz 数传模块的 GTS-901A 及将 RC-3H 控制器安装到 GTS-901A 上

项目总结

本项目主要是全站仪的基础知识，主要包括全站仪的构造、全站仪的基本功能和全站仪的使用。全站仪的使用是本项目的重点内容也是难点内容。

温故知新

全站仪的功能和操作步骤。

学有余力

重力卫星。

项目六　控制测量

项目描述

测定控制点的坐标和高程的测量工作称为控制测量。控制测量包括平面控制测量和高程控制测量。平面控制测量包括导线控制测量和小三角测量等；高程测量包括水准测量与三角高程测量等。测量工作必须遵循“从整体到局部、先控制后碎部”的原则组织实施。

任务一　导线测量

子任务一　导线测量的布设形式

任务指南

本任务主要围绕××建筑施工项目，掌握踏勘选点、边长测量、角度测量、导线定向。

测量依据

《国家三、四等水准测量规范》(GB/T 12898—2009)、《城市轨道交通工程测量规范》(GB/T 50308—2017)、《国家一、二等水准测量规范》(GB/T 12897—2006)、《工程测量标准》(GB 50026—2020)。

任务目标

知识目标：掌握导线测量的布设形式。

能力目标：能根据任务要求绘制导线的不同形式。

素质目标：培养自主探究能力。

任务重难点

重点：导线测量的基本原理。

难点：导线的分类。

知识储备

导线测量是指测量各导线边的长度和各转折角，根据起算数据，推算各边的坐标方位角，从而计算出各导线点的坐标。

任务实施

闭合导线如图 6-1 所示，附合导线与支导线如图 6-2 所示。

精讲点拨：控制测量概述

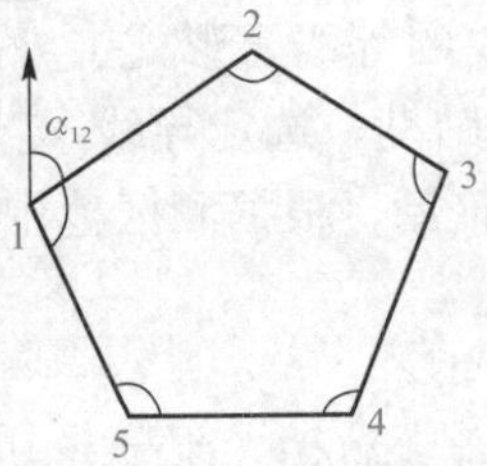

图 6-1 闭合导线示意

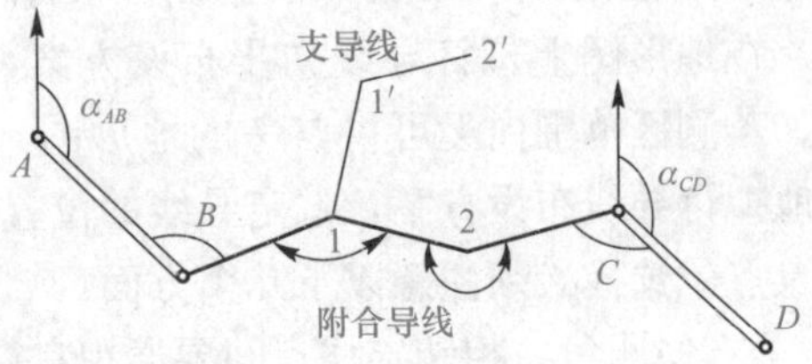

图 6-2 附合导线与支导线示意

子任务二 导线测量的外业工作

任务指南

本任务主要围绕××建筑施工项目，掌握踏勘选点、边长测量、角度测量、导线定向。

测量依据

《国家三、四等水准测量规范》(GB/T 12898—2009)、《城市轨道交通工程测量规范》(GB/T 50308—2017)、《国家一、二等水准测量规范》(GB/T 12897—2006)、《工程测量标准》(GB 50026—2020)。

任务目标

知识目标：掌握导线测量外业的操作步骤和注意事项。

能力目标：能根据任务要求操作仪器进行导线测量的外业工作。

素质目标：培养规范操作的意识。

任务重难点

重点：导线测量的外业工作流程。

难点：导线测量外业仪器规范使用。

知识储备

踏勘选点、边长测量、角度测量、导线定向。

任务实施

一、踏勘选点

精讲点拨：导线测量的外业工作

选点就是在测区内选定控制点的位置。选点之前应收集测区已有地形图和高一级控制点的成果资料。根据测图要求，确定导线的等级、形式、布置方案。在地形图上拟订导线初步布设方案，再到实地踏勘，选定导线点的位置。若测区范围内无可供参考的地形图，可以通过踏勘，根据测区范围、地形条件直接在实地拟订导线布设方案，选定导线的位置。

导线点点位选择必须注意以下几个方面：

(1)为了方便测角，相邻导线点间要通视良好，视线远离障碍物，保证成像清晰。

(2)采用光电测距仪测边长，导线边应离开强电磁场和发热体的干扰，测线上不应有树枝、电线等障碍物。四等级以上的测线，应离开地面或障碍物 1.3 m 以上。

(3)导线点应埋在地面坚实、不易被破坏处，一般应埋设标石。

(4)导线点要有一定的密度，以便控制整个测区。

(5)导线边长要大致相等，不能差距过大。

导线点埋设后，要在桩上用红油漆写明点名、编号，并用红油漆在固定地物上画一箭头指向导线点并绘制“点之记”，方便寻找导线点(图 6-3)。

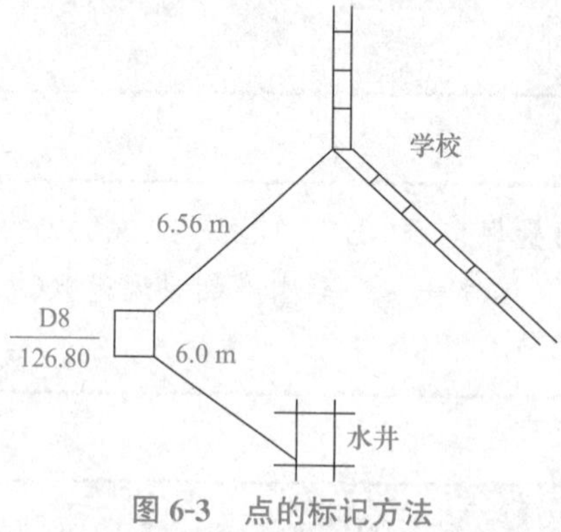

图 6-3　点的标记方法

二、边长测量

导线边长是指相邻导线点间的水平距离。导线边长测量可采用光电测距仪、普通钢卷尺。采用光电测距仪测量边长的导线又称为光电测距导线，是目前最常用的方法。采用普通钢卷尺量距时，必须使用经国家测绘机构鉴定的钢尺并对丈量长度进行尺长改正、温度改正和倾斜改正。

三、角度测量

导线水平角测量主要是导线转折角测量。导线水平角的观测对附合导线按导线前进方向可观测左角或右角；对闭合导线一般是观测多边形内角；支导线无校核条件，要求既观测左角，也观测右角以便进行校核。导线水平角的观测方法一般采用测回法和方向观测法。

四、导线定向

导线与高级控制点连接角的测量称为导线定向。其目的是获得起始方位角和坐标起算数据。并能使导线精度得到可靠的校核。如图 6-4 所示，β_B、β_C 为连接角。若测区无高级控制点联测时，可假定起始点的坐标，用罗盘仪测定起始边的方位角。

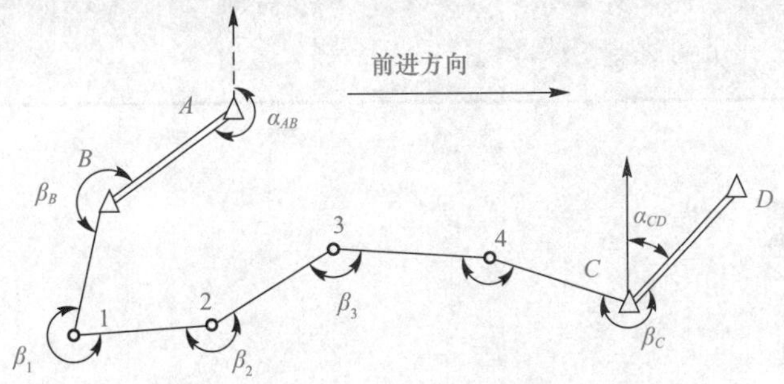

图 6-4　导线定向

任务二　导线测量的内业计算

子任务一　坐标正算和反算

任务指南

本任务主要是根据已知点坐标或距离、角度，进行坐标的正算与反算，通过学生自主探究、教师精讲点拨和课后习题等方式巩固知识点。

测量依据

《国家三、四等水准测量规范》(GB/T 12898—2009)、《城市轨道交通工程测量规范》(GB/T 50308—2017)、《国家一、二等水准测量规范》(GB/T 12897—2006)、《工程测量标准》(GB 50026—2020)。

任务目标

知识目标：掌握坐标正算和坐标反算的原理。

能力目标：能根据任务要求计算坐标正算和坐标反算。

素质目标：培养自主探究能力。

任务重难点

重点：坐标正算和坐标反算。

难点：坐标反算中方位角的计算。

知识储备

根据已知点的坐标、已知边长和该边的坐标方位角计算出未知点的坐标，称为坐标正算。

根据两个已知点坐标，计算该两点间的距离和坐标方位角，称为坐标反算。在点的平面位置放样中利用到这部分知识。

任务实施

精讲点拨：方位角的推算、坐标正算、坐标反算

一、坐标正算

根据已知点的坐标、已知边长和该边的坐标方位角计算出未知点的坐标，称为坐标正算。

如图 6-5 所示，已知设 A 点为已知点，B 点为未知点，A 点的坐标为(X_A，Y_A)，AB 的边长为D_{AB}，AB 的坐标方位角为α_{AB}，则 B 点的坐标(X_B，Y_B)为

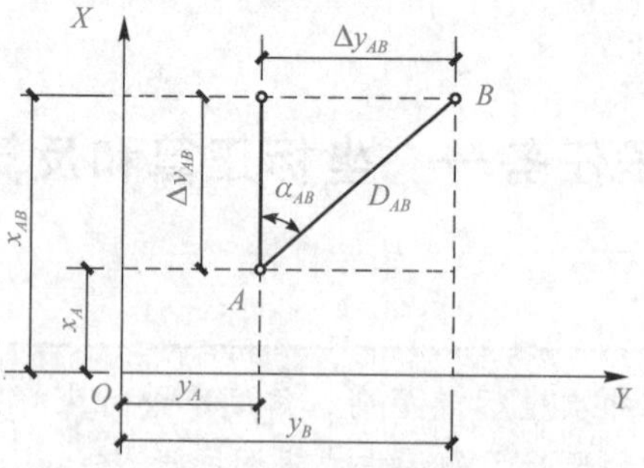

图 6-5　坐标正算示意

$$x_B = x_A + \Delta x_{AB}$$

$$y_B = y_A + \Delta y_{AB}$$

式中：

$$\Delta x_{AB} = x_B - x_A = D_{AB}\cos\alpha_{AB}$$

$$\Delta y_{AB} = y_B - y_A = D_{AB}\sin\alpha_{AB}$$

上式中的 Δx、Δy 均为坐标的增量。

坐标方位角和坐标的增量均带有方向性，当方位角位于第一象限时，坐标的增量均为正值；当坐标方位角位于第二象限时，ΔX_{AB} 为负值，ΔY_{AB} 为正值；当坐标方位角在第三象限时，ΔX_{AB} 为负值，ΔY_{AB} 为负值；当坐标方位角在第四象限时，ΔX_{AB} 为正值，ΔY_{AB} 为负值。

【例 6-1】 已知 A 点的坐标为(50，50)，AB 的距离为 50 m，AB 的坐标方位角 $\alpha_{AB}=45°$。试求 B 点的坐标。

解：将已知数据代入公式：

$$X_B=X_A+\Delta X_{AB}=X_A+D_{AB}\cos\alpha_{AB}=50+50\times\cos45°=85.355$$

$$Y_B=Y_A+\Delta Y_{AB}=Y_A+D_{AB}\sin\alpha_{AB}=50+50\times\sin45°=85.355$$

二、坐标反算

根据两个已知点坐标，计算该两点间的距离和坐标方位角，称为坐标反算。在点的平面位置放样中利用到这部分知识。

如图 6-5 所示，设 A、B 两点为已知点，其坐标分别为$(X_A，Y_A)(X_B，Y_B)$则

$$\tan\alpha_{AB}=\frac{\Delta Y_{AB}}{\Delta X_{AB}}$$

$$\alpha_{AB}=\arctan\frac{\Delta Y_{AB}}{\Delta X_{AB}}$$

因此

$$D_{AB}=\sqrt{\Delta X_{AB}^2+\Delta Y_{AB}^2}$$

$$D_{AB}=\frac{\Delta Y_{AB}}{\sin\alpha_{AB}}=\frac{\Delta X_{AB}}{\cos\alpha_{AB}}$$

因为反正切函数的值域是$-90°\sim+90°$，而坐标方位角的取值范围为 $0°\sim360°$，所以坐标方位角的值可根据 x 和 y 坐标改变量 ΔX_{AB}、ΔY_{AB} 的正负号确定导线边所在象限，将反正切角值即象限角换算为坐标方位角。根据所在的象限，求得其方位角 α_{AB}，具体讨论如下：

(1)当 $\Delta X_{AB}>0$，$\Delta Y_{AB}=0$ 时，导线边 AB 在 X 轴上，且指向正方向 $\alpha_{AB}=0°$。

(2)当 $\Delta X_{AB}=0$，$\Delta Y_{AB}>0$ 时，导线边 AB 在 Y 轴上，且指向正方向 $\alpha_{AB}=90°$。

(3)当 $\Delta X_{AB}<0$，$\Delta Y_{AB}=0$ 时，导线边 AB 在 X 轴上，且指向正方向 $\alpha_{AB}=270°$。

(4)当 $\Delta X_{AB}=0$，$\Delta Y_{AB}<0$ 时，导线边 AB 在 X 轴上，且指向正方向 $\alpha_{AB}=360°$。

(5)当 $\Delta X_{AB}=0$，$\Delta Y_{AB}=0$ 时，A、B 两点缩成一点没有坐标方位角。

(6)当 $\Delta X_{AB}>0$，$\Delta Y_{AB}>0$ 时，导线边 AB 在第一象限，$\alpha_{AB}=\arctan\frac{\Delta Y_{AB}}{\Delta X_{AB}}$。

(7)当 $\Delta X_{AB}<0$，$\Delta Y_{AB}>0$ 时，导线边 AB 在第二象限，$\alpha_{AB}=\arctan\frac{\Delta Y_{AB}}{\Delta X_{AB}}+180°$。

(8)当 $\Delta X_{AB}<0$，$\Delta Y_{AB}<0$ 时，导线边 AB 在第三象限，$\alpha_{AB}=\arctan\frac{\Delta Y_{AB}}{\Delta X_{AB}}+180°$。

(9)当 $\Delta X_{AB}>0$，$\Delta Y_{AB}<0$ 时，导线边 AB 在第四象限，$\alpha_{AB}=\arctan\frac{\Delta Y_{AB}}{\Delta X_{AB}}+360°$。

【例 6-2】 已知 A、B 两点的坐标分别为 A(3 558.124，4 945.451)、(3 842.489，4 529.126)。试计算直线 AB 的坐标方位角 α_{AB} 与边长 D_{AB}。

解：

$$\Delta X_{AB}=3\ 842.489-3\ 558.124=284.365$$

$$\Delta Y_{AB}=4\ 925.126-4\ 945.451=-20.325$$

$$\alpha_{AB}=\arctan\frac{\Delta Y_{AB}}{\Delta X_{AB}}=\frac{-20.325}{284.364}=-4°5'17''$$

因 $\Delta X_{AB}>0$，$\Delta Y_{AB}<0$，故知 AB 导线为第四象限上的直线，代入上述讨论的(9)中得

$$\partial_{AB}=-4°5'17''+360°=355°54'43''$$

$$D_{AB}=\sqrt{284.365^2+(-416.325)^2}=504.173$$

注意：一直线有两个方向，存在两个方位角，式中，y_B-y_A、x_B-x_A 的计算是过 A 点坐标纵轴至直线 AB 的坐标方位角，若所求坐标方位角为 α_{BA}，则应是 A 点坐标减 B 点坐标。

坐标正算与反算，可以利用普通科学电子计算器的极坐标和直角坐标相互转换功能计算。

子任务二　闭合导线内业计算

任务指南

本任务主要是根据已知点坐标，外业测出的距离、角度，进行坐标的正算，计算出其他未知点的坐标，通过学生自主探究、教师精讲点拨和课后习题等方式巩固知识点。

测量依据

《国家三、四等水准测量规范》(GB/T 12898—2009)、《城市轨道交通工程测量规范》(GB/T 50308—2017)、《国家一、二等水准测量规范》(GB/T 12897—2006)、《工程测量标准》(GB 50026—2020)。

任务目标

知识目标：掌握闭合导线内业计算的程序。

能力目标：能根据任务要求计算未知点坐标。

素质目标：培养严谨细致、精益求精的态度。

任务重难点

重点：闭合导线内业计算步骤。

难点：导线纵横坐标闭合差的分配。

知识储备

闭合导线是指从已知点出发经未知点最后又回到已知点的导线。

任务实施

一、闭合导线的计算

精讲点拨：闭合导线测量成果计算

图 6-6 所示为实测图根闭合导线示意，图中各项数据是从外业观测手簿中获得的已知数据：12 边的坐标方位角：$\alpha_{12}=125°30'00''$；1 点的坐标：$x_1=500.00$，$y_1=500.00$ 现结合本例说明闭合导线计算步骤如下。

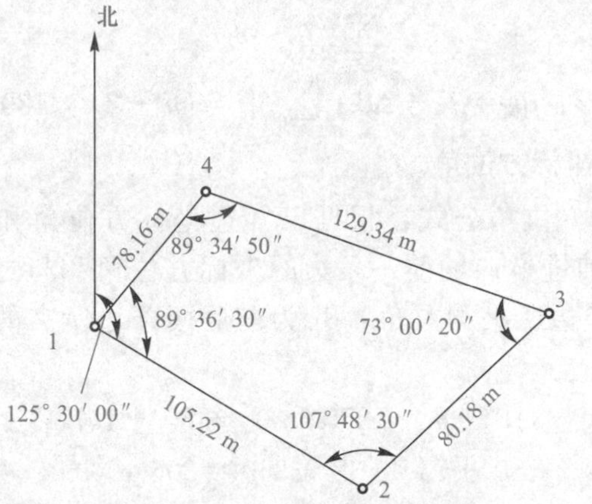

图 6-6　实测图根闭合导线示意

准备工作：填表，在表 6-1 中填入已知数据和观测数据。

表 6-1　闭合导线坐标计算表

点号	观测角	改正数	改正角	坐标方位角	距离/m	坐标增量计算值/m		改正后增量/m		坐标值/m	
	° ′ ″		° ′ ″	α	D	Δx	Δy	Δx	Δy	x	y
1											
2	1 074 830	13	1 07 4843	125 30 00	105.22	−61.1	85.66	−61.12	85.68	500	500
3	72 0 020	12	73 00 32	53 18 43	80.18	47.9	64.3	47.88	64.32	438.88	585.68
4	89 3 350	12	89 34 02	306 19 15	129.34	76.61	−104.2	76.58	−104.19	486.76	650
1	89 3 630	13	89 36 43	215 53 17	78.16	−63.32	−45.82	−63.34	−45.81	563.34	545.81
2				125 30 00						500	500
$\sum$		50			392.9						

1. 角度闭合差的计算与调整

如图 6-6 所示，各角的内角分别依次填入表 6-1 中的“观测角”栏。计算的内角的总和填入最下方 n 边形闭合导线内角和理论值：$\sum\beta_{理}=(n-2)\times180°$

(1)角度闭合差的计算：

$$f_\beta=\sum\beta_{测}-\sum\beta_{理}=\sum\beta_{测}-(n-2)\times180°。$$

$$f_\beta=\sum\beta_{测}-\sum\beta_{理}=\sum\beta_{测}-(n-2)\times180°=359°59'10''-360°=-50';$$

(2)角度容许闭合差的计算(公式可查规范)。

$$f_{\beta容}=\pm60''^{n}\sqrt{n}\text{(图根导线)}$$

若 $f_{测}<f_{容}$，则角度测量符合要求，否则角度测量不合格首先对计算进行全面检查，若计算没有问题，则应对角度进行重测。

$f_\beta=-50''$根据表 6-1 可知，$f_{\beta容}=\pm120''$则 $f_\beta<f_{\beta容}$，角度测量符合要求。

(3)角度闭合差 f_β 的调整：假定调整前提是假定所有角的观测误差是相等的，角度改正数：$\Delta\beta=\dfrac{f_\beta}{n}$($n$—测角个数)。角度改正数计算，按角度闭合差反号平均分配，余数分给短边构成的角。其检核公式为

$$\sum\Delta\beta=-f_\beta$$

改正后的角度值检核：$\beta_{该}=\beta_{测}+\Delta\beta_i$，$\sum\beta_{理}=(n-2)\times180°$。

2. 推算导线各边的坐标方位角

推算导线各边坐标方位角公式：根据已知边坐标方位角和改正后的角值推算，式中，$\alpha_{前}$、$\alpha_{后}$表示导线前进方向的前一条边的坐标方位角和与之相连的后一条边的坐标方位角。$\beta_{左}$为前后两条边所夹的左角，$\beta_{右}$为前后两条边所夹的右角，据此，由第一式求得：

$$a_{21}=a_{12}-180°+\beta_2-125°30'00''-180°+107°48'43''=53°18'43''$$

$$a_{34}=a_{23}-180°+73°00'32''+360°=306°19'15''$$

$$a_{41}=a_{34}-180°+89°34'02''=215°53'17''$$

$$a'_{12}=a_{41}-180°+89°36'43''=125°30'00''=a_{12}$$

填入表 6-1 中相应的列中。

3. 计算导线各边的坐标增量 ΔX、ΔY

计算导线各边的坐标增量 ΔX、ΔY：

$$\Delta X_i=D_i\cos\alpha_i\quad \Delta Y_i==D_i\sin\alpha_i$$

如图 6-7 所示，$\Delta X_{12}=D_{12}\cos\alpha_{12}$，$\Delta Y_{12}==D_{12}\sin\alpha_{12}$。坐标增量的符号取决于 12 边的坐标方位角的大小。

4. 坐标增量闭合差

坐标增量闭合差的计算见表 6-1，根据闭合导线本身的特点：理论上 $\sum\Delta x_{理}=0$，$\sum\Delta y_{理}=0$(图 6-7)；坐标增量闭合差 $f_x=\sum\Delta x_{测}-\sum\Delta x_{理}$，$f_y=\sum\Delta x_{测}-\sum\Delta x_{理}$；实际上：$f_x=\sum\Delta x_{测}$，$f_y=\sum\Delta y_{测}$坐标增量闭合差可以认为是由导线边长测量误差引起的。

5. 导线边长精度的评定

由于 f_x、f_y 的存在，使导线不能闭合，产生了导线全长闭合差 11′，即 $f_D=\sqrt{f_x^2+f_y^2}$

导线全长相对闭合差：$K=\dfrac{f_D}{\sum D}=\dfrac{1}{\dfrac{\sum D}{f_D}}$

限差：用 $K_{容}$ 表示。当 $K\leqslant K_{容}$ 时，导线边长丈量符合要求。

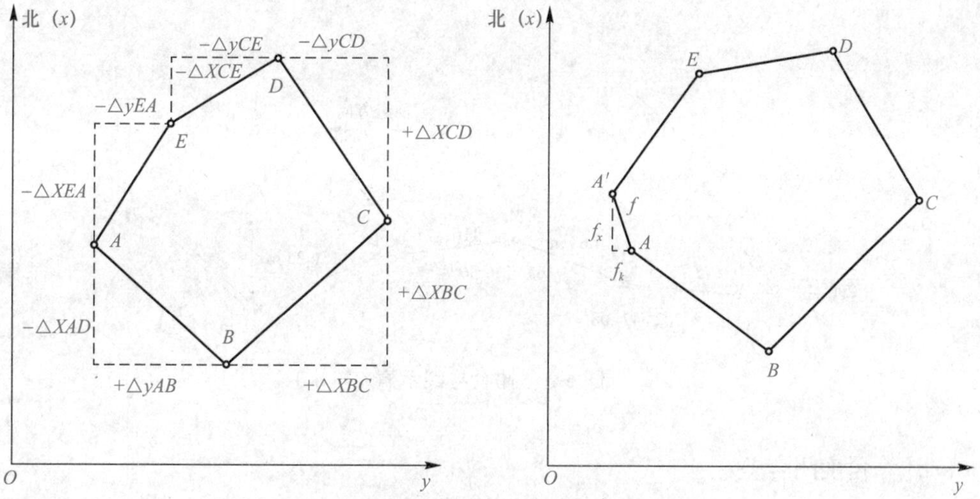

图 6-7　坐标增量闭合差的计算

6. 坐标增量闭合差的调整

调整：将坐标增量闭合差按边长成正比例反号进行调整。

坐标增量改正数：$v_{xi}=-\dfrac{f_x}{\sum D}\times D$，$v_{yi}=-\dfrac{f_y}{\sum D}\times D$

检核条件：$\sum v_x=-f$，$\sum v_y=-f$，12 边增量改正数计算如下：

$$f_x=+0.09;\ f_y=-0.07;\ \sum D=392.9\ \text{m};\ D_{12}=105.22$$

$$v_{x12}=-\frac{0.09}{392.9}\times105.22=-0.024(\text{m})\approx-0.02\ \text{m}$$

$$v_{y12}=-\frac{-0.07}{392.9}\times105.22=0.019(\text{m})\approx+0.02\ \text{m}$$

填入表 6-1 中的相应位置。

7. 计算改正后的坐标增量

计算改正后的坐标增量见表 6-1。

$$\Delta x_{i改}=\Delta x_i+v_{xi},\ \Delta y_{i改}=\Delta y_+v_{yi}$$

检核条件：$\sum\Delta x=0$，$\sum\Delta y=0$

8. 计算各导线点的坐标值

依次计算各导线点坐标，最后推算出的终点 1 的坐标，应与 1 点已知坐标相同。

二、附合导线的计算

附合导线的计算方法和计算步骤与闭合导线计算基本相同，只是由于已知条件不同，有以下几点不同之处：

图 6-8 中的 A、B、C、D 是已知点，起始边的方位角 α_{AB}（$\alpha_{始}$）和终止边的方位角 α_{CD}（$\alpha_{终}$）为已知。外业观测资料为导线边距离和各转折角。

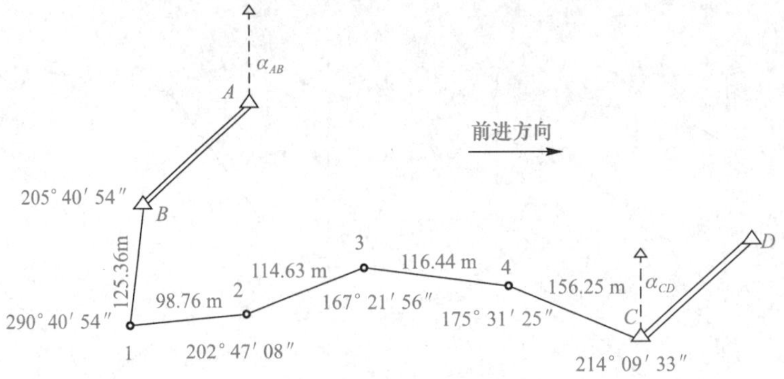

图 6-8　附合导线示意

(1) 计算角度闭合差：

$$f_\beta = \alpha'_{终} - \alpha_{终}$$

式中　$\alpha'_{终}$——终边用观测的水平角推算的方位角；

$\alpha_{终}$——终边已知的方位角，终边 α 推算的一般公式为

$$\alpha'_{终} = \alpha_{始} - n \times 180° + \sum \beta_{测}，\alpha'_{终} = \alpha_{始} + n \times 180° - \sum \beta_{测}$$

终边方位角的推算公式过程如下所列。

$$\alpha_{B1} = \alpha_{AB} + 180° - \beta_B$$
$$\alpha_{12} = \alpha_{B1} + 180° - \beta_1$$
$$\alpha_{23} = \alpha_{12} + 180° - \beta_2$$
$$\alpha_{34} = \alpha_{23} + 180° - \beta_3$$
$$\alpha_{4C} = \alpha_{34} + 180° - \beta_4$$
$$+)\alpha'_{CD} = \alpha_{4C} + 180° - \beta_C$$
$$\alpha'_{CD} = \alpha_{AB} + 6 \times 180° - \sum \beta_{测}$$

以上推算是以右侧夹角为例，用观测的水平角推算的终边方位角。

(2)测角精度的评定：

即 $f_\beta = \alpha'_{终} - \alpha_{终}$，检核：$f_\beta \leqslant f_{\beta容}$(各级导线的限差见规范)。

(3)闭合差分配(计算角度改正数)：

$$\Delta\beta = \pm \frac{f_\beta}{n}$$

当符合导线测的是左角时取“－”号；当符合导线测的是右角时取“＋”号。

式中　n——包括连接角在内的导线转折角数。

(4)计算坐标增量闭合差：

$$f_x = \sum \Delta x - (x_{终} - x_{始})$$
$$f_y = \sum \Delta y - (y_{终} - y_{始})$$

其中，如图起始点是 B 点，终点是 C 点。由于 f_x、f_y 的存在，使导线不能和 CD 连接，存在导线全长闭合差 f_D：$f_D = \sqrt{f_x^2 + f_y^2}$。

导线全长相对闭合差：$K=\frac{f_D}{\sum D}=\frac{1}{\frac{\sum D}{f_D}}$

(5)计算改正后的坐标增量的检核条件：

检核条件：$\sum \Delta x_{改}=x_C-x_B$，$\sum \Delta y_{改}=y_C-y_B$

(6)计算各导线点的坐标值：$x_{前}=x_{后}+\Delta x_{i改}$，$y_{前}=y_{后}+\Delta y_{i改}$

依次计算各导线点坐标，最后推算出的终点 C 的坐标，应和 C 点已知坐标相同。如图 6-8 所示，A、B、C、D 是已知点，外业观测资料为导线边距离和各相邻边的夹角，为右角。贯彻的数据在图已经中标注出来。计算过程填入表 6-2 中。

表 6-2　附合导线计算表

点号	观测角	改正数	改正角	坐标方位角 α	距离/m	坐标增量计算值/m		改正后增量/m		坐标值/m	
	° ′ ″	″	° ′ ″	° ′ ″	D	Δx	Δy	Δx	Δy	x	y
A											
B	205 36 48	−13	250 36 35	236 44 29	125.36	−107.31	−64.81	−107.27	−64.83	1 536.86	873.54
1	290 40 54	−12	290 40 42	211 07 53	98.71	−17.92	97.12	−17.89	97.10	1 429.59	772.71
2	202 47 08	−13	202 46 55	100 27 11	114.63	30.88	141.29	30.92	141.27	1 411.7	869.81
3	167 21 56	−13	167 21 43	77 40 16	116.44	−0.63	116.44	−0.60	116.42	1 442.62	1 011.09
4	175 31 25	−13	175 31 12	90 18 33	156.25	−13.05	155.7	13.00	155.67	1 442.02	1 127.5
C	214 09 33	−13	214 09 20	94 47 21						1 429.02	1 283.17
D				60 38 01							

任务三　高程控制测量

子任务一　三、四等水准测量观测方法

任务指南

本任务主要是学习三、四等水准测量方法，通过学生自主探究、教师精讲点拨和课后习题等方式巩固知识点。

测量依据

《国家三、四等水准测量规范》(GB/T 12898—2009)、《城市轨道交通工程测量规范》(GB/T 50308—2017)、《国家一、二等水准测量规范》(GB/T 12897—2006)、《工程测量标准》(GB 50026—2020)。

任务目标

知识目标：掌握三、四等水准测量观测方法。
能力目标：能根据任务要求观测水准测量。
素质目标：培养自主探究能力。

任务重难点

重点：三、四等水准测量观测顺序。
难点：水准仪的规范操作。

知识储备

高程控制测量主要是确定控制点的高程。由于高程控制点的高程一般是用水准测量方法测定的，因此高程控制网一般称为水准网，高程点也称为水准点。

为满足地形图测绘和工程施工的需要。高程控制可分别采用三、四等水准测量作为高程控制。小地区高程控制测量包括三、四等水准测量，图根水准测量和三角高程测量。

任务实施

一、双面水准尺

实操实战：双面尺法四等水准测量

后视水准尺黑面，读取上、下、中丝读数；前视水准尺黑面，读取上、下、中丝读数。前视水准尺红面，读取中丝读数；后视水准尺红面，读取中丝读数。这样的程序是“后—前—前—后”“黑—黑—红—红”。

二、记录、计算与检核

四等水准测量的记录、计算和检核方法可扫描二维码观看微课视频。

三、水准点的高程计算

外业成果经检查无误后，接近似平差或条件平差、间接平差处理数据，计算各水准点的高程，并评定其精度，计算每千米高差全中误差。

子任务二　三角高程测量

任务指南

本任务主要是学习三角高程测量方法，通过学生自主探究、教师精讲点拨和课后习题等方式巩固知识点。

测量依据

《国家三、四等水准测量规范》(GB/T 12898—2009)、《城市轨道交通工程测量规范》(GB/T 50308—2017)、《国家一、二等水准测量规范》(GB/T 12897—2006)、《工程测量标准》(GB 50026—2020)。

任务目标

知识目标：掌握三角高程测量原理及方法。

能力目标：能根据任务要求利用三角高程测量原理观测高差。

素质目标：培养严谨细致、精益求精的态度。

任务重难点

重点：三角高程测量原理。

难点：三角高程测量实施步骤。

知识储备

当地势起伏较大不便于水准测量时，可以用光电测距三角高程测量的方法测定两点间的高差，从而推算各点的高程。

任务实施

一、三角高程测量原理

精讲点拨：三角高程测量

三角高程测量的基本思想是根据由测站向目标点观测的竖直角和它们之间的斜距 S 或水平距离 D，以及量取的仪器高、目标高，计算两点之间的高差。

(1)A、B 两点间的高差：

$$h=D\tan\alpha+i-v+f$$

(2)B 点的高程：

$$H_B = H_a + D\tan\alpha + i - v + f$$

(3)球气差改正：

$$f = 0.43\frac{D^2}{R}$$

二、三角高程测量观测

三角高程测量一般应采用对向观测，即由 A 向 B 观测，再由 B 向 A 观测，也称为往返测。取双向观测的平均值可以消除地球曲率和大气折光的影响，地球曲率差和大气折光差统称为球气差，如图 6-9 所示。

如图 6-10 所示，将光电测距仪安置于测站上，用小钢尺量取仪器高 t，觇标高 v(若用对中杆，可直接设置高度)。用中丝照准，测定其斜距，用盘左、盘右观测竖直角。

实操实战：三角高程测量

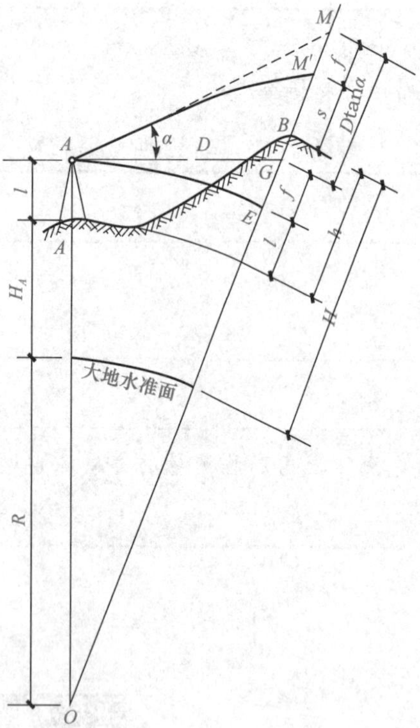

图 6-9　球气差示意

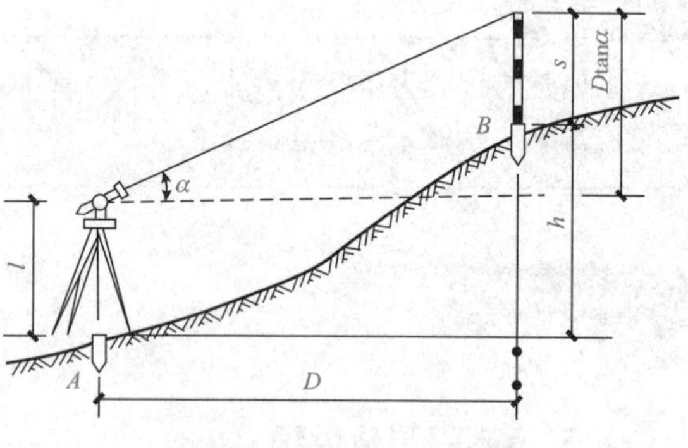

图 6-10　三角高程测量示意

仪器高度、觇标高，应用小钢尺丈量两次，取其值精确至 1 mm。对于四等，当较差不大于 2 mm 时，取用平均值。对于五等，当较差不大于 4 mm 时，取其平均值。

光电测距三角高程测量应采用高一级的水准测量联测一定数量的控制点，作为高程起闭数据。四等应起讫于不低于三等水准的高程点上；五等应起讫于不低于四等水准的高程点上；其边长均不应超过 1 km，边数不应超过 6 条。当边长小于 0.5 km 时，或单纯做高程控制时，边数可增加 1 倍。

三角高程边长的测定应采用不低于Ⅱ级精度的测距仪。四等应采用往返各一测回；五等应采用一测回。视线竖直角不超过 15°。

使用全站仪进行三角高程测量时，直接选择大气折光系数值，输入仪器高和棱镜高，利用仪器高差测量模式观测。

采用正、反双向观测，取其平均值作为 A、B 两点之间的高差。

三角高程测量记录及高差计算见表 6-3。

表 6-3　三角高程测量记录及高差计算

项目	A、B 两点之间的高差		B、C 两点之间的高差		
	往	返	往	返	
水平距离 D/m	581.38	581.38	488.01	488.01	
竖直角 α/(° ′ ″)	11 38 30	−11 24 00	6 52 15	−6 34 30	
仪器高 i/m	1.50	1.49	1.49	1.50	
目标高 v/m	2.50	3.00	3.00	2.50	
两差改正 f/m	0.02	0.02	0.02	0.02	…
高差/m	118.71	−118.72	57.28	−57.30	…
平均高差 h/m	+118.72		+57.29		…

项目总结

本项目主要讲解了导线测量知识，主要包括导线、导线点、导线边等名词的定义，以及闭合导线、附合导线和支导线的适用条件等知识。其中，导线测量外业的规范操作是重点内容，导线测量内业的计算是本项目的难点内容。

温故知新

1. 解释下列名词：导线、导线点、导线边、转折角、左角、右角。
2. 导线测量外业工作的步骤和注意事项。
3. 导线测量内业计算的步骤和注意事项。

参考答案

学有余力

摄影与遥感技术。

第二篇　道路专业测量部分

项目七　施工测量

项目描述

建筑施工主要是在工程施工阶段进行，主要包括水平角测设、水平距离测设和高程测设。本项目主要是基于校园实际项目的施工建设进行学习。

任务一　施工放样的基本方法

子任务一　已知距离的放样

任务指南

本任务主要学习已知距离的放样，包括一般放样和精确放样，通过学生自主探究、教师精讲点拨和课后习题等方式，掌握教学重点、难点。

测量依据

《国家三、四等水准测量规范》(GB/T 12898—2009)、《城市轨道交通工程测量规范》(GB/T 50308—2017)、《国家一、二等水准测量规范》(GB/T 12897—2006)、《工程测量标准》(GB 50026—2020)。

任务目标

知识目标：掌握距离放样的方法。
能力目标：能根据任务要求利用仪器进行距离放样。
素质目标：培养吃苦耐劳的精神。

任务重难点

重点：距离放样的步骤。
难点：距离放样的精确方法。

知识储备

距离放样是放样的重要工作之一。

任务实施

一、一般方法

一般方法即往返测设法，如图 7-1 所示，在已知的方向线 AB 上，从 A 点向 B 点测设水平距离 D，定出另一个点 C，使 AC 等于 D，放样方法如下：

精讲点拨：已知水平距离的测设

(1)在已知方向线 AB 直线上定线。

(2)从 A 点开始沿 AB 方向用钢尺量出水平距离 D，定出 C'点的位置。

(3)再从 C'点返测，回到 A 点。

(4)若相当误差在容许范围(1/3 000～1/2 000)内，取其平均值。

(5)计算出 $\Delta D=D'-D$。

(6)当 ΔD 为正时，将 C'向 A 点方向移动 ΔD；反之，反移并定出 C 点。

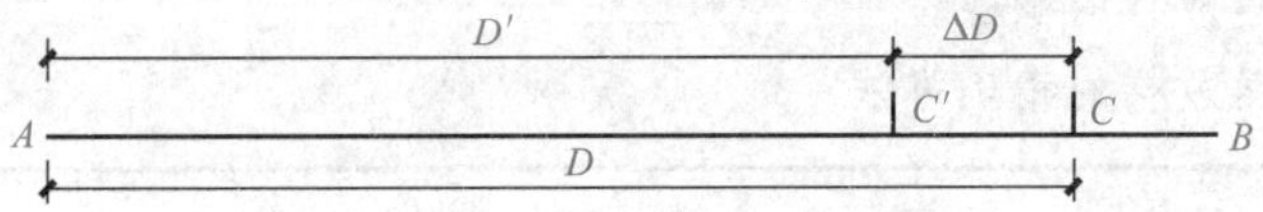

图 7-1　已知距离的放样

二、精密方法(距离改正法)

精密方法即距离改正法，其步骤如下：

(1)在 AB 直线上根据设计的水平距离 D 从 A 点开始沿 AB 方向用钢尺量出水平距离 D，概定出 C'点。

(2)精确测量 AC'，并进行尺长、温度和倾斜改正，计算出 AC'的精确水平距离 D'。

(3)如果 $\Delta D=D'-D$，则 C'点即 C 点。

(4)当 ΔD 为正时，将 C'向 A 点方向移动 ΔD；反之，反移并定出 C 点。

三、全站仪放样

(1)将全站仪安置在 A 点，瞄准 B 点，并将棱镜安置在 C 点的概略位置。

(2)打开电源，输入各种改正数据，启动放样功能，输入放样距离 D 点的值。

(3)放样。根据极差 d_D，指挥棱镜前后移动直到极差 $d_D=0$ 时为止。

(4)在棱镜的位置处钉上木桩，即 C 点的实际位置。

子任务二　已知水平角的放样

任务指南

本任务主要是学习已知水平角的放样，包括一般放样和精确放样，通过学生自主探究、教师精讲点拨和课后习题等方式，掌握教学重点、难点。

测量依据

《国家三、四等水准测量规范》(GB/T 12898—2009)、《城市轨道交通工程测量规范》(GB/T 50308—2017)、《国家一、二等水准测量规范》(GB/T 12897—2006)、《工程测量标准》(GB 50026—2020)。

任务目标

知识目标：掌握水平角放样的方法。

能力目标：能根据任务要求利用仪器进行已知水平角的放样。

素质目标：培养严谨细致、精益求精的态度。

任务重难点

重点：水平角放样的步骤。

难点：水平角放样的精确方法。

知识储备

水平角放样是放样的重要工作之一。

任务实施

一、一般方法

一般方法即盘左盘右投点法，如图 7-2 所示。其步骤如下：

(1)安置经纬仪于 O 点，盘左瞄准 A 点，度盘置 $0°00'00''$。

(2)顺时针转动照准部，使度盘的读数为所要放样的角度值 β，制动并钉桩，在桩上以钉标出 B'点的位置。

(3)变倒镜瞄准 A 点，同时配置水平度盘读数为 $180°$。

(4)顺时针转动照准部，使水平度盘变为 $180°+\beta$，制动并在木桩上沿视线方向定出 B'点。

精讲点拨：已知水平角的测设

(5)若 B' 点与 B' 点重合则为所测设之角 β，否则取其连线的中点，即所测设之角 β。

二、精密方法(投点测量法)

精密方法，如图 7-3 所示。其步骤如下：

(1)安置经纬仪于 O 点。

(2)用盘左测设 β 角，并在地面上定出 B' 点。

(3)用测回法实测 $\angle AOB'$ 多个测回，测出角值，设为 $\angle AOB'=\beta_1$，并计算出 $\Delta\beta=\beta_1-\beta$。

(4)计算垂直支距 BB' $BB'=OB'\tan\Delta\beta\approx OB'\dfrac{\Delta\beta}{\rho}$。

(5)过 B' 点作 OB' 的垂线，从 B' 点沿垂线方向向内或向外量支距 BB' 定出 B 点，则 $\angle AOB$ 即所需测设的 β 角。

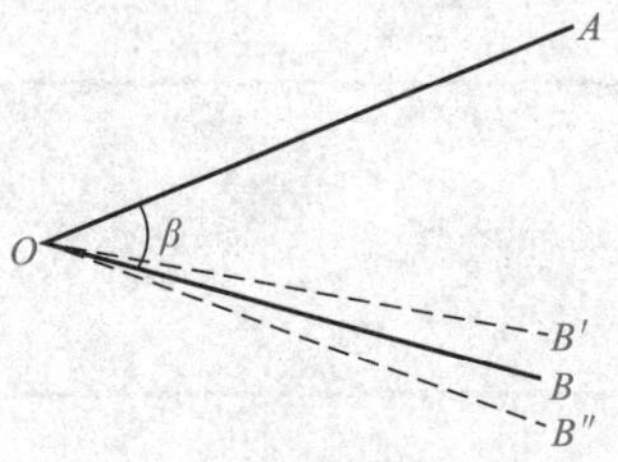

图 7-2　盘左盘右投点法

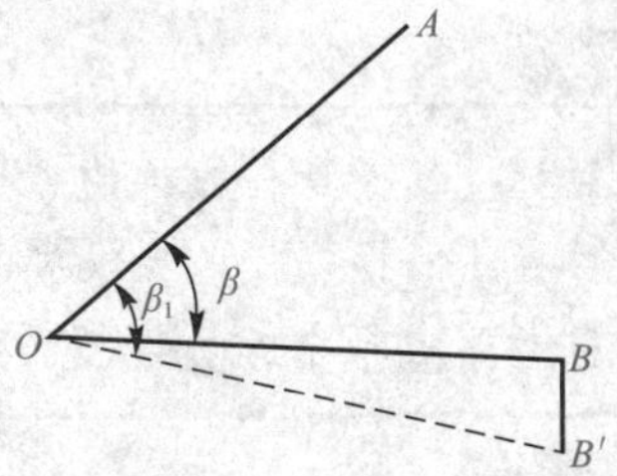

图 7-3　投点测量法(精密法)

三、简易方法

(1)测设直角。

1)勾股弦法，如图 7-4(a)所示。

2)等腰直角法，如图 7-4(b)所示。

(2)测设任意角，如图 7-4(c)所示。

$$BC=AB\cdot\tan\beta$$

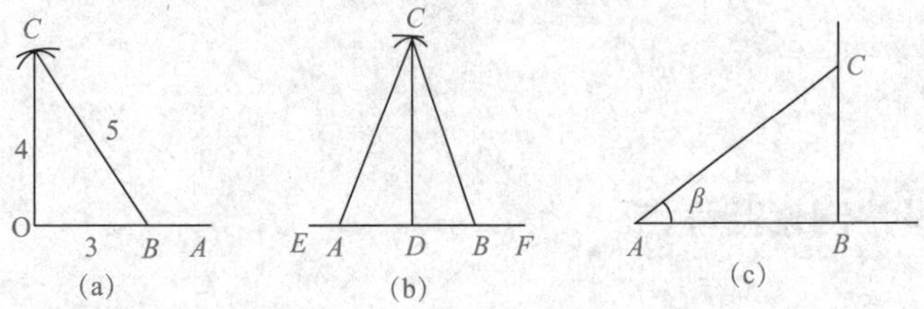

图 7-4　简易方法

(a)勾股弦法；(b)等腰直角法；(c)测设任意角

子任务三　已知高程的放样

任务指南

本任务主要是学习已知高程的放样，包括一般放样和精确放样，通过学生自主探究、教师精讲点拨和课后习题等方式，掌握教学重点、难点。

测量依据

《国家三、四等水准测量规范》(GB/T 12898—2009)、《城市轨道交通工程测量规范》(GB/T 50308—2017)、《国家一、二等水准测量规范》(GB/T 12897—2006)、《工程测量标准》(GB 50026—2020)。

任务目标

知识目标：掌握高程放样的方法。

能力目标：能根据任务要求利用仪器进行已知高程的放样。

素质目标：培养分析问题、解决问题的能力。

任务重难点

重点：高程放样的步骤。

难点：高程放样的精确方法。

知识储备

高程放样方法主要有几何水准测量方法和三角高程测量方法。当测设的高程点精度要求较高或测设点与已知点的高差较小时，宜选用几何水准测量方法。当测设高程要求精度一般或测设点与已知点的高差较大时，宜选用三角高程测量方法。

任务实施

一、水准测量法测设高程点

精讲点拨：高程测设

(一)水准测量法直接测设高程点

1. 基本原理

如图 7-5 所示，设控制点 A 的高程为 H_A，待测设点 P 的设计高程为 H_P，在合适位置安置仪，测得 A 点水准尺上的读数为 a，则在 P 点处水准尺的测设读数应为

$$H_A+a=H_P+b \Rightarrow b=(H_A+a)-H \tag{7-1}$$

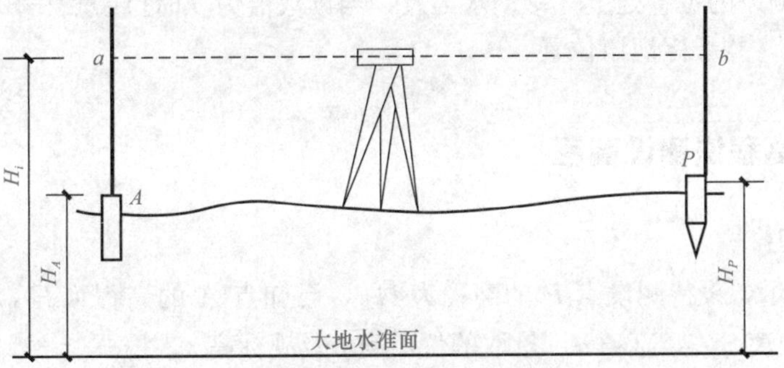

图 7-5　水准测量法高程放样

2. 测设步骤

(1)在合适位置安置仪器，于 A 点立水准尺，读取后视读数 a。

(2)按式(7-1)计算测设读数 b。

(3)将水准尺紧靠在 P 点的木桩上，上下移动尺子，使读数变为前视读数 b 时(注意符号)，在水准尺底端的位置处划线即 P 点的高程位置，并予以标记该位置。

(二)水准测量法间接测设高程

1. 基本原理

如图 7-6 所示，设控制点 A 的高程为 H_A，P 点的设计高程为 H_P，因高差 h_{AP} 较大，需要使用垂吊钢尺的方法间接测设 P 点。

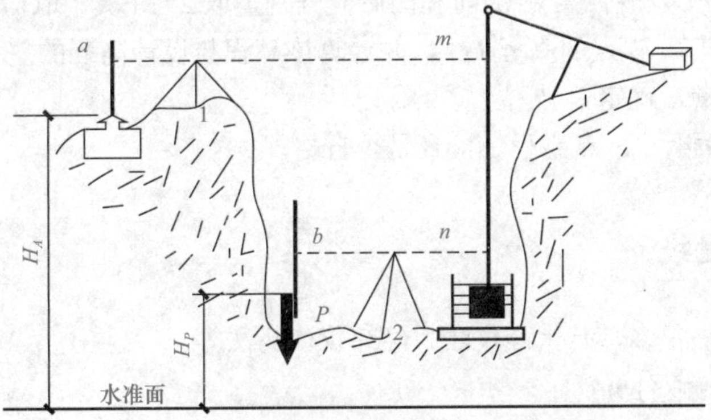

图 7-6　高程的传递

在地面 1 处置仪，在 A 处尺及钢尺上读数分别为 a、m；在基坑内 2 处置仪，在钢尺上读数为 n；计算测设元素 b 为

$$(H_A+a)-(m-n)=H_P+b \Rightarrow b=a-(m-n)-h \tag{7-2}$$

然后上下移动水准尺，当读数恰为 b 时，则尺零端的位置即测设位置。

2. 测设步骤

(1)垂吊钢尺(最好为标准拉力，否则，视情况加改正)，并使之稳定。

(2)在合适位置 1、2 处分别置仪，并在 A 尺、钢尺上分别读数 a、m、n。

(3)按式(7-2)计算测设读数 b。

(4)在拟订测设的位置处上下移动水准尺，当读数恰为 b 时(注意符号)，则尺的零端点位置即测设位置，并予标记该位置。

二、三角高程法测设高程

1. 基本原理

如图 7-7 所示，设待测设点 P 的高程为 H_P，已知点 A 的高程为 H_A。依据测定 A 点至 P 点的水平距离 S、竖直角 α、量取的仪器高 i 及觇标高 v，按式(7-3)计算 P'点的高程。

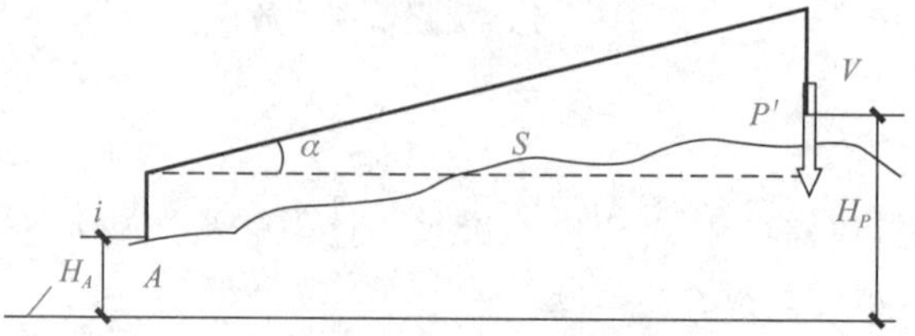

图 7-7　三角高程法测设高程

$$H'_P = S\tan\alpha + i - v + H \tag{7-3}$$

将计算的 P'点高程与 P 点的设计高程比较，计算其差值 h，再从 P'点量 h 值来确定 P 点。

2. 测设步骤

(1)在点 A 安置经纬仪，测定 A 点至 P 点的水平距离 S 及竖直角 α。

(2)量取仪器高 i 及觇标高 v(测前和测后应分别量取 2～3 次，取均值为量测)。

(3)按式(7-3)计算 P'点的高程 H'_P，并计算该高程与设计高程的差 h。

(4)从 P'点起量 h 确定 P 点位置。

(5)测设完成后再测 P 点高程，检查是否合格。

三、测设坡度线

测设坡度的方法很多，有水准仪法、经纬仪仪高法等。

1. 用水准仪法测放坡度

如图 7-8 所示，设坡度线起点为 E，设计坡度为 $i\%$，每 ΔS 测设一个坡度点 j，则各点相对于 E 点的高差为 $S_j \times i\%$。在合适位置处安置水准仪，并在 E 点水准尺上读数，设为 a，则在 j 点水准尺上的测设读数 b_j 为

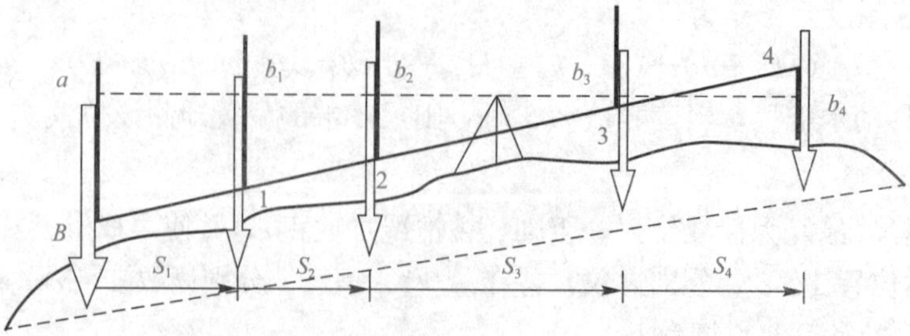

图 7-8　水准仪法测设坡度

$$H_E+a=H_j+b_j$$

$$b=a+(H_E-H_j)=a-h_{Ej}=a-S_j\times i\% \tag{7-4}$$

式中　S_j——j 点至 E 点的水平距离。

当测设读数 $b_j<0$ 时，说明视线低于坡度线，通常水准尺(或手钢尺等)要倒立测设。则尺零端点的位置即测设位置，并予以标记该位置。

测设完成后检查各点是否共线(抽查点或挂线)。

2. 用经纬仪仪高法测放坡度

用经纬仪仪高法测放坡度如图 7-9 所示。根据竖直角 α，拨出倾斜视线，量出视线高 i，当视线在水准尺上的读数为 i 时，直线 ABC 就是所求的坡度线。

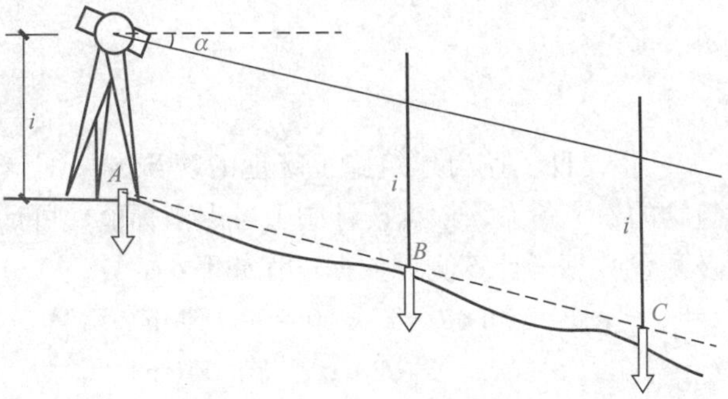

图 7-9　经纬仪仪高法测放坡度

任务二　点的平面位置的测设

子任务一　直角坐标法测设点的平面位置

任务指南

本任务围绕××建筑的施工控制网，测试点的平面位置，理解直角坐标法的原理，通过计算得出正确的测设数据，学会利用经纬仪测设点的位置。

测量依据

《国家三、四等水准测量规范》(GB/T 12898—2009)、《城市轨道交通工程测量规范》(GB/T 50308—2017)、《国家一、二等水准测量规范》(GB/T 12897—2006)、《工程测量标准》(GB 50026—2020)。

任务目标

知识目标：掌握直角坐标法的原理，学会计算测设数据和利用经纬仪测设点的位置。

能力目标：能根据任务要求利用直角坐标法测设点的平面位置。

素质目标：培养团结合作的精神。

任务重难点

重点：直角坐标法的基本原理和使用。
难点：测设数据的计算和点的测设方法。

知识储备

直角坐标法是根据直角坐标原理，利用纵横坐标之差，测设点的平面位置。直角坐标法适用于施工控制网为建筑方格网或建筑基线的形式，且量距方便的建筑施工场地。

任务实施

如图 7-10 所示，Ⅰ、Ⅱ、Ⅲ、Ⅳ为建筑施工场地的建筑方格网点，a、b、c、d 为欲测设建筑物的 4 个角点，根据设计图上各点坐标值，可计算出建筑物的长度、宽度及测设数据。计算测设数据过程如下：

精讲点拨：直角坐标法测设点的平面位置

建筑物的长度：$l=y_c-y_a=580.00-530.00=50.00(\text{m})$

建筑物的宽度：$l=x_c-x_a=650.00-620.00=30.00(\text{m})$

测设 a 点的测设数据（Ⅰ点与 a 点的纵横坐标之差）：

$$\Delta x=x_a-x_{\text{I}}=620.00-600.00=20.00(\text{m})$$

$$\Delta x=y_a-y_{\text{I}}=530.00-500.00=30.00(\text{m})$$

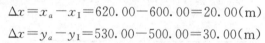

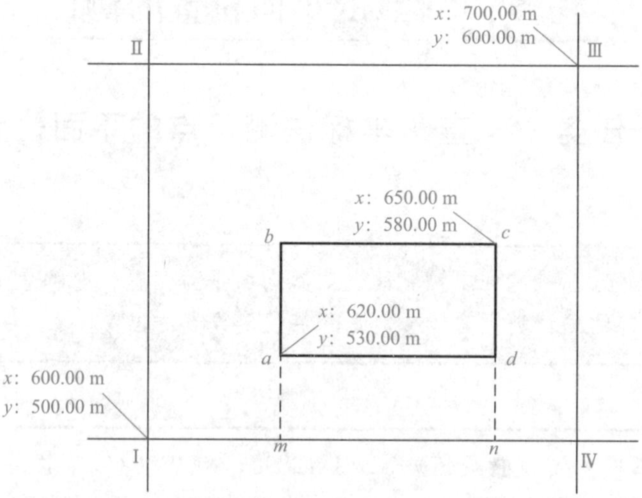

图 7-10　直角坐标法

点的测设方法如下：

(1)在Ⅰ点安置经纬仪，瞄准Ⅳ点，沿视线方向测设距离 30.00 m，定出 m 点，继续向前测设 50.00 m，定出 n 点。

(2)在 m 点安置经纬仪，瞄准Ⅳ点，按逆时针方向测设 90°，由 m 点沿视线方向测设距离 20.00 m，定出 a 点，做出标志，再向前测设 30.00 m，定出 b 点，做出标志。

(3)在 n 点安置经纬仪，瞄准Ⅰ点，按顺时针方向测设 90°，由 n 点沿视线方向测设距离 20.00 m，定出 d 点，做出标志，再向前测设 30.00 m，定出 c 点，做出标志。

(4)检查建筑物四角是否等于 90°，各边长是否等于设计长度，其误差均应在限差以内。

当测设上述距离和角度时，可以根据精度要求分别采用一般方法或精密方法。

子任务二　极坐标法测设点的平面位置

任务指南

本任务围绕××建筑的施工控制网，测试点的平面位置，理解极坐标法的原理，通过计算得出正确的测设数据，学会利用经纬仪测设点的位置。

测量依据

《国家三、四等水准测量规范》(GB/T 12898—2009)、《城市轨道交通工程测量规范》(GB/T 50308—2017)、《国家一、二等水准测量规范》(GB/T 12897—2006)、《工程测量标准》(GB 50026—2020)。

任务目标

知识目标：掌握极坐标法的原理，学会计算测设数据和利用经纬仪测设点的位置。

能力目标：能根据任务要求利用极坐标法测设点的平面位置。

素质目标：培养理论联系实际的能力。

任务重难点

重点：极坐标法的基本原理。

难点：测设数据的计算和点的测设方法。

知识储备

极坐标法是根据一个水平角和一段水平距离，测设点的平面位置。极坐标法适用于量距方便，且待测设点距离控制点较近的建筑施工场地。

任务实施

精讲点拨：极坐标法测设点的平面位置

如图 7-11 所示，A、B 为已知平面控制点，其坐标值分别为 $A(x_A, y_A)$、$B(x_B, y_B)$，P 点为建筑物的一个角点，其坐标为 $P(x_P, y_P)$。现根据 A、B 两点，使用极坐标法测设 P 点，其测设数据计算方法如下：

(1)计算 AB 边的坐标方位角 α_{AB} 和 AP 边的坐标方位角 α_{AP} 按坐标反

算公式计算。

$$\alpha_{AB}=\arctan\frac{\Delta y_{AB}}{\Delta x_{AB}}$$

$$\alpha_{AP}=\arctan\frac{\Delta y_{AP}}{\Delta x_{AP}}$$

注意：每条边在计算时，应根据 Δx 和 Δy 的正、负情况，判断该边所属象限。

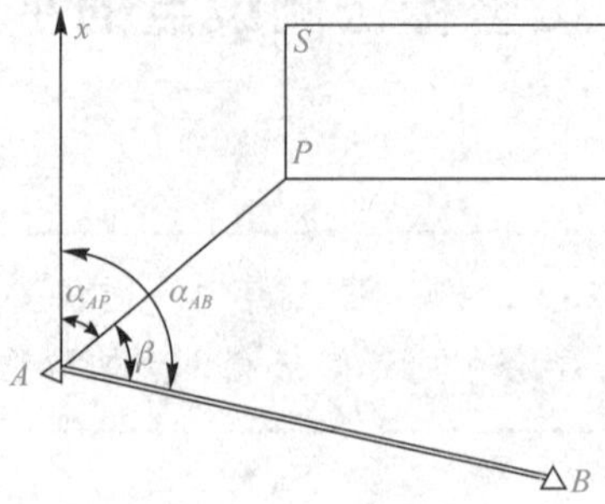

图 7-11 极坐标法

(2)计算 AP 与 AB 之间的夹角。

$$\beta=\alpha_{AB}-\alpha$$

(3)计算 A、P 两点间的水平距离。

$$D_{AP}=\sqrt{(x_P-x_A)^2+(y_P-y_A)^2}=\sqrt{\Delta x_{AP}{}^2+\Delta y_{AP}{}^2}$$

【例 7-1】 已知 $x_P=370.000$ m，$y_P=458.000$ m，$x_A=348.758$ m，$y_A=433.570$ m，$\alpha_{AB}=103°48'48''$，试计算测设数据 β 和 D_{AP}。

解：
$$\alpha_{AP}=\arctan\frac{\Delta y_{AP}}{\Delta x_{AP}}=\arctan\frac{458.000-433.570}{370.000-348.758}=48°59'34''$$

$$\beta=\alpha_{AB}-\alpha_{AP}=103°48'48''-48°59'34''=54°49'14''$$

$$D_{AP}=\sqrt{(370.000-348.758)^2+(458.000-433.570)^2}=32.374$$

点位测设方法如下：

(1)在 A 点安置经纬仪，瞄准 B 点，按逆时针方向测设 β 角，定出 AP 方向。

(2)沿 AP 方向自 A 点测设水平距离 D_{AP}，定出 P 点，做出标志。

(3)用同样的方法测设 Q、R、S 点。全部测设完毕后，检查建筑物四角是否等于 90°，各边长是否等于设计长度，其误差均应在限差以内。

同样，在测设距离和角度时，可根据精度要求分别采用一般方法或精密方法。

子任务三 角度交会法测设点的平面位置

任务指南

本任务围绕××建筑的施工控制网，测试点的平面位置，理解角度交会法的原理，通过计算得出正确的测设数据，学会利用经纬仪测设点的位置。

测量依据

《国家三、四等水准测量规范》(GB/T 12898—2009)、《城市轨道交通工程测量规范》(GB/T 50308—2017)、《国家一、二等水准测量规范》(GB/T 12897—2006)、《工程测量标准》(GB 50026—2020)。

任务目标

知识目标：掌握角度交会法的原理，学会计算测设数据和利用经纬仪测设点的位置。

能力目标：能根据任务要求利用角度交会法测设点的平面位置。

素质目标：培养创新能力。

任务重难点

重点：角度交会法的基本原理和使用。

难点：测设数据的计算和点的测设方法。

知识储备

角度交会法是根据测设出的 2 个或 3 个已知水平角而定出的直线方向，交会出点的平面位置的方法。角度交会法适用于待测设点距控制点较远，且量距较困难的建筑施工场地。

任务实施

一、前方交会法测设点位

精讲点拨：角度交会法测设点的平面位置

前方交会法测设点位适用于待测设点距离控制点较远，且测量距离较困难的建筑施工场地。

(一)一般方法

1. 计算测设数据

如图 7-12(a)所示，A、B、C 为已知平面控制点，P 为待测设点，现根据 A、B、C 三点，用角度交会法测设 P 点，其测设数据计算方法如下：

(1)按坐标反算公式，分别计算出 α_{AB}、α_{AP}、α_{BP}、α_{CB} 和 α_{CP}。

(2)计算水平角 β_1、β_2 和 β_3。

2. 点位测设方法

(1)在 A、B 两点同时安置经纬仪，同时测设水平角 β_1 和 β_2 定出两条视线，在两条视线相交处钉下一个大木桩，并在木桩上依 AP、BP 绘制出方向线及其交点。

(2)在控制点 C 上安置经纬仪，测设水平角 β_3，同样在木桩上依 CP 绘制出方向线。

(3)如果交会没有误差，此方向应通过前两方向线的交点，否则将形成一个“示误三角形”，如图 7-12(b)所示。若示误三角形边长在限差以内，则取示误三角形重心作为待测设点 P 的最终位置。

当测设 β_1、β_2 和 β_3 时，视具体情况，可采用一般方法和精密方法。

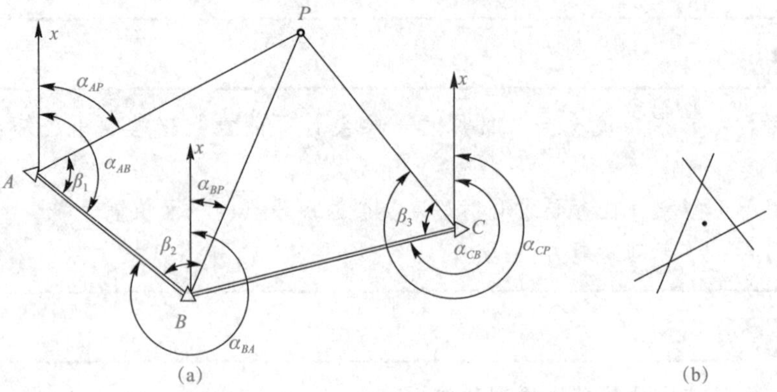

图 7-12 角度交会法和示误三角形

(a)角度交会法；(b)示误三角形

(二)变形的前方交会法

如图 7-13 所示，当 A、C 点不能通视时，可用 A、C 点周边的控制点进行定向，予以交会。

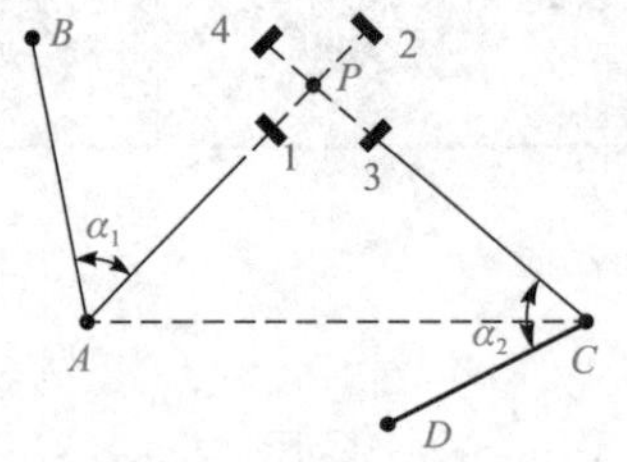

图 7-13 变形的前方交会法

$$\begin{cases}\alpha_{AB}=\arctan\dfrac{y_B-y_A}{x_B-x_A} \cdot \alpha_{AP}=\arctan\dfrac{y_P-y_A}{x_P-x_A}\\ \alpha_{CD}=\arctan\dfrac{y_D-y_C}{x_D-x_C} \cdot \alpha_{CP}=\arctan\dfrac{y_P-y_C}{x_P-x_C}\end{cases}$$

$$\begin{cases}\alpha_1=\alpha_{AP}-\alpha\\ \alpha_2=\alpha_{CP}-\alpha\end{cases}$$

注意：A、B、P 三点逆时针编号。

二、后方交会法测设点位

如图 7-14 所示，A、B、C 为控制点，P 为测设点，其坐标均为已知。

(1)计算测设元素。由控制点 A、B、C 坐标及设计点的 P 坐标反算坐标方位角 α_{PA}、α_{PB}、α_{PC}，计算 α、β。

$$a=(x_B-x_A)+(y_B-y_A)\cot\alpha$$

$$b=(y_B-y_A)-(x_B-x_A)\cot\alpha$$

$$c=(x_B-x_C)-(y_B-y_C)\cot\beta$$

$$d=(y_B-y_C)+(x_B-x_C)\cot\beta$$

$$\begin{cases}\alpha=\alpha_{PB}-\alpha\\ \beta=\alpha_{PC}-\alpha\end{cases}$$

令

$$K=\frac{a-c}{b-d}$$

计算 P 点的坐标：

$$x_P=x_B+\frac{Kb-a}{K^2+1}$$

$$y_P=y_B-K\times\frac{Kb-a}{K^2+1}$$

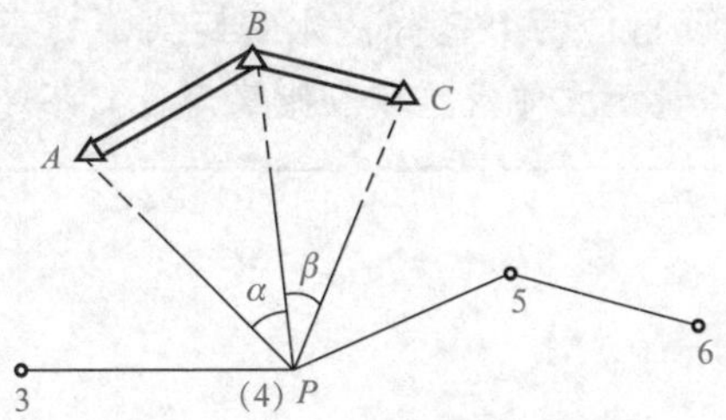

图 7-14　后方交会法

(2)实地测设。

1)在合适位置处(P')置仪，分别测定 α、β 角。

2)依测定的各交会角计算 P'点坐标，并与设计坐标比较。

3)若点位误差满足要求，则确定点 P；否则，用角差法或角差图解法改正。

4)改正方法同前方交会法，此处不再赘述。

在用后方交会法测设 P 点时，P 点(含过渡点)距的危险圆距离应不小于危险圆半径的 1/5。

子任务四　距离交会法测设点的平面位置

任务指南

本任务围绕××建筑的施工控制网，测试点的平面位置，理解距离交会法的原理，通过计算得出正确的测设数据，学会利用经纬仪测设点的位置。

测量依据

《国家三、四等水准测量规范》(GB/T 12898—2009)、《城市轨道交通工程测量规范》(GB/T 50308—2017)、《国家一、二等水准测量规范》(GB/T 12897—2006)、《工程测量标准》(GB 50026—2020)。

任务目标

知识目标：掌握距离交会法的原理，学会计算测设数据和利用经纬仪测设点的位置。

能力目标：能根据任务要求利用距离交会法测设点的平面位置。

素质目标：培养动手操作的能力。

任务重难点

重点：距离交会法的基本原理和使用。

难点：测设数据的计算和点的测设方法。

知识储备

距离交会法是根据测设出的两个已知的水平距离，交会出点的平面位置的方法。此法适用于施工场地平坦，量距方便且控制点距离测设点不超过一尺的情况。

任务实施

精讲点拨：距离交会法测设点的平面位置

一、计算测设数据

如图 7-15 所示，A、B 为已知平面控制点，P 为待测设点，现根据 A、B 两点，用距离交会法测设 P 点，其测设数据计算方法如下：根据 A、B、P 三点的坐标值，分别计算出 D_{AP} 和 D_{BP}。

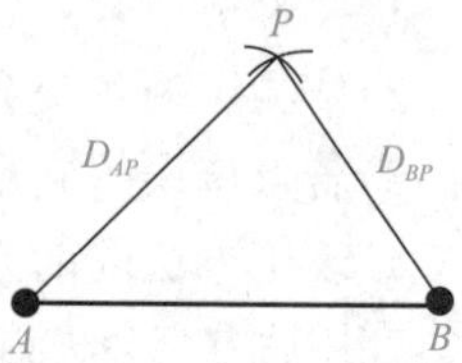

图 7-15　距离交会法

二、点位测设方法

(1)将钢尺的零点对准 A 点，以 D_{AP} 为半径在地面上画一圆弧。

(2)将钢尺的零点对准 B 点，以 D_{BP} 为半径在地面上再画一圆弧。两圆弧的交点即 P 点的平面位置。

(3)用同样的方法，测设出 Q 的平面位置。

(4)丈量 P、Q 两点之间的水平距离，与设计长度进行比较，其误差应在限差以内。

三、角度与距离交会

角度与距离交会是根据测设出的一个水平角度和一个水平距离，交会出点的平面位置的方法，如图 7-16 所示。

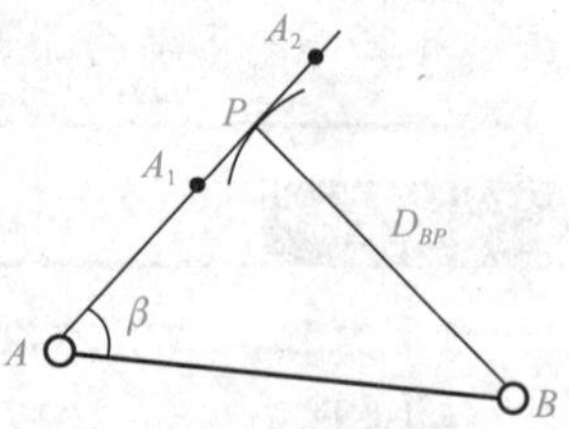

图 7-16　角度与距离交会

任务三　公路路线测量概述

子任务一　公路勘测设计阶段的目的、任务及测量工作

任务指南

本任务主要是选定路线，进行测量和调查工作，熟悉路线勘测各阶段的测量工作。

测量依据

《国家三、四等水准测量规范》(GB/T 12898—2009)、《城市轨道交通工程测量规范》(GB/T 50308—2017)、《国家一、二等水准测量规范》(GB/T 12897—2006)、《工程测量标准》(GB 50026—2020)。

任务目标

知识目标：了解路线勘测各阶段的测量工作。

能力目标：能根据任务要求进行各项测量工作。

素质目标：培养分析问题、解决问题的能力。

任务重难点

重点：各阶段的测量工作。

难点：对于复杂重要而又缺乏经验的个别阶段，要使用不同的方法。

知识储备

公路勘测设计的目的是选定路线，进行测量和调查工作，取得基础资料，为公路设计提供原始的依据。

公路勘测一般采用两阶段设计，即初测编制初步设计和定测编制施工图设计。对于复杂重要而又缺乏经验的个别阶段，可采用三阶段设计。

任务实施

路线勘测各阶段的测量工作如下。

一、初测阶段

初测阶段也称为踏查测量阶段，包括控制测量、测带状地形图和纵断面图、收集沿线

地质水文资料、做纸上定线或现场定线，编制比较方案，为初步设计提供依据。涉及的测量工作有导线测量、水准测量、横断面测量和地形测量四项。

二、定测阶段

定测阶段也称为详细测量阶段。在选定设计方案的路线上进行路线中线测量、纵断面图、横断面图及桥涵、路线交叉、沿线设施、环境保护等测量和资料调查，为施工图设计提供资料。这一阶段涉及的测量工作有中线测量、水准测量、横断面测量和地形测量四项。

子任务二　施工控制桩的测设

任务指南

本任务主要是学习路线勘测各阶段的测量工作，按照设计图纸进行恢复道路中线、测设路基边桩和竖曲线、工程竣工验收等的测量。

测量依据

《国家三、四等水准测量规范》(GB/T 12898—2009)、《城市轨道交通工程测量规范》(GB/T 50308—2017)、《国家一、二等水准测量规范》(GB/T 12897—2006)、《工程测量标准》(GB 50026—2020)。

任务目标

知识目标：通过不同方法对路线施工进行设计放样。

能力目标：能根据任务要求使用常用方法设置施工控制桩。

素质目标：培养自主探究能力。

任务重难点

重点：道路施工常用的测设方法。

难点：埋设的一些桩点在进入工程的施工阶段会丢失。

知识储备

道路施工测量是指按照设计图纸进行恢复道路中线、测设路基边桩和竖曲线、工程竣工验收等的测量。其所采用的测量方法与路线中线测量方法基本相同。

任务实施

施工控制桩的测设放样是在工程正式开工之前，所要进行的控制测量。其能够有效地控制中桩的位置，需要在不易被施工损坏、便于引测和保存桩位的地方设置施工控制桩。常用的测设方法有以下两种。

一、平行线法

平行线法是在设计的路基范围以外，测设两排平行于道路中线的施工控制桩。该方法适用于地势平坦、直线段较长的地区，如图 7-17 所示。

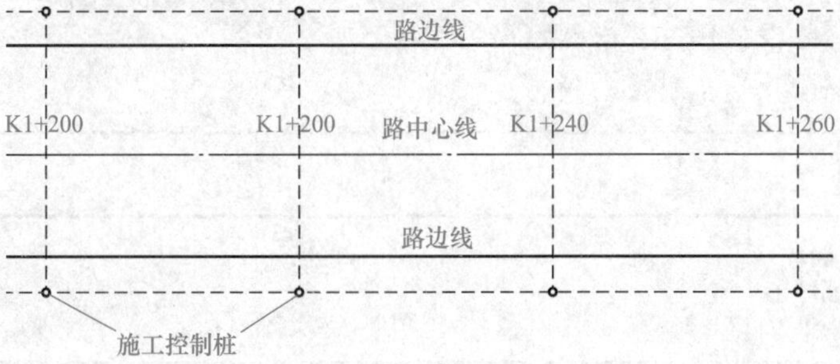

图 7-17　平行线法

二、延长线法

延长线法是在路线转折处的中线延长线上或在曲线中点与交点的连线的延长线上测设两个能够控制交点位置的施工控制桩，如图 7-18 所示，用于坡度较大和直线段较短的地区。

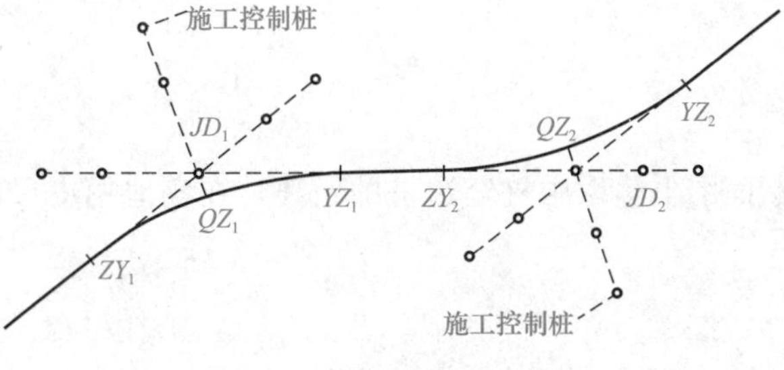

图 7-18　交点延长线法

子任务三　路基边桩的测设

任务指南

本任务主要是在进入工程主体工程正式施工时所要进行的施工测量，将路基边桩测设横断面的路基边坡线与地面的交点用木桩标定出来。

测量依据

《国家三、四等水准测量规范》(GB/T 12898—2009)、《城市轨道交通工程测量规范》(GB/T 50308—2017)、《国家一、二等水准测量规范》(GB/T 12897—2006)、《工程测量标准》(GB 50026—2020)。

任务目标

知识目标：采用逐渐趋近法测设边桩。
能力目标：能根据任务要求测设路基边桩。
素质目标：培养吃苦耐劳的精神。

任务重难点

重点：图解法。
难点：解析法。

知识储备

路基边桩测设是在地面上将每个横断面的路基边坡线与地面的交点用木桩标定出来。边桩的位置由两侧边桩至中桩的距离来确定。

任务实施

常用的路基边桩测设方法如下。

一、图解法

图解法直接在横断面图上量取中桩至边桩的距离，在实地用皮尺沿横断面方向测定其位置的方法。

二、解析法

在解析法中，路基边桩至中桩的平距通过计算求得。

(1)平坦地段路基边桩的测设。

1)填方路基称为路堤，堤边桩至中桩的距离为

$$D=\frac{B}{2}+mh$$

2)挖方路基称为路堑，堑边桩至中桩的距离为

$$D=\frac{B}{2}+S+mh$$

式中　B——路基设计宽度；

m——路基边坡坡度；

h——填土高度或挖土深度；

S——路堑边沟顶宽。

(2)倾斜地段路基边桩的测设。在倾斜地段，边桩至中桩的距离随地面坡度的变化而变化。

1)路堤边桩至中桩的距离为

斜坡上侧 $$D_{上}=\frac{B}{2}+m(h_{中}-h_{上})$$

斜坡下侧 $$D_{下}=\frac{B}{2}+m(h_{中}+h_{下})$$

2)路堑边桩至中桩的距离为

斜坡上侧 $$D_{下}=\frac{B}{2}+S+m(h_{中}+h_{下})$$

斜坡下侧 $$D_{上}=\frac{B}{2}+S+m(h_{中}-h_{上})$$

B、S 和 m 为已知，$h_{中}$ 为中桩处的填挖高度，已知。$h_{上}$、$h_{下}$ 为斜坡上、下侧边桩与中桩的高差，在边桩未定出之前则为未知数。根据地面实际情况，参考路基横断面图，估计边桩的位置。测出该估计位置与中桩的高差，据此在实地确定出其位置。采用逐渐趋近法测设边桩。

任务四　路线定线测量

任务指南

本任务主要介绍极坐标法、测设方法(用全站仪放样)、支距法、图解法。

测量依据

《国家三、四等水准测量规范》(GB/T 12898—2009)、《城市轨道交通工程测量规范》(GB/T 50308—2017)、《国家一、二等水准测量规范》(GB/T 12897—2006)、《工程测量标准》(GB 50026—2020)。

任务目标

知识目标：掌握极坐标法。

能力目标：能根据任务要求熟练运用图解法。

素质目标：培养分析问题、解决问题的能力。

任务重难点

重点：极坐标法。

难点：测设数据的计算。

知识储备

中线测量的任务是沿定测的线路中心线丈量距离，设置百米桩及加桩，并根据测定的夹角。

任务实施

在中线定线测量中，根据初步设计文件，优化设计选定一条中线，准确测定路线的位置和构造物的位置。

公路中线测设方法如下。

一、极坐标法

极坐标法是根据公路导线点坐标和公路中线上各点坐标之间的关系，计算测设数据，然后在实地标出点位的方法。可以不设置交点桩，测设时应一次测出整桩和加桩，也可以只测设直线和曲线控制点桩，其余中桩用链距法测设。

测设数据的计算：设 P 为公路中线上的点，其坐标为$(x_P，y_P)$，A、B 为导线点，坐标分别为$(x_A，y_A)$，$(x_B，y_B)$。则 A、P 两点间的距离 S_{AP} 和坐标方位角 α_{AP} 的计算公式分别为

$$\begin{cases} S_{AP}=\sqrt{(x_P-x_A)+(y_P-y_A)} \\ \alpha_{AP}=\arctan\dfrac{y_P-y_A}{x_P-x_A} \end{cases}$$

AB 直线的方位角为

$$\alpha_{AB}=\arctan\frac{y_B-y_A}{x_B-x_A}$$

直线 AB 与 AP 的夹角为

$$\beta=\alpha_{AB}-\alpha_{AP}$$

此时应注意象限，其解决的方法：当 $\Delta x<0$ 时，加 180°；当 $\Delta x>0$ 时，加 360°。

控制点的坐标已知，如图 7-19 所示。设公路起点直线段的桩号为 $l_0(x_0，y_0)$，直线段上任意一点 P 的桩号为 $l_P(x_P，y_P)$。P 点所在直线段的方位角为 α_0，则 P 点的坐标可按下式计算：

$$\begin{cases} x_P=X_0+(l_P-l_0)\cos\alpha_0 \\ y_P=Y_0+(l_P-l_0)\sin\alpha_0 \end{cases}$$

公路中线上的直线段的起点一般为 JD_n，如图 7-20 所示。

其 P 点的坐标计算公式为

$$\begin{cases} x_P = x_{JDn} + (T_n + l_P - l_{YZ})\cos\alpha_{JD-P} \\ y_P = y_{JDn} + (T_n + l_P - l_{YZ})\sin\alpha_{JD-P} \end{cases}$$

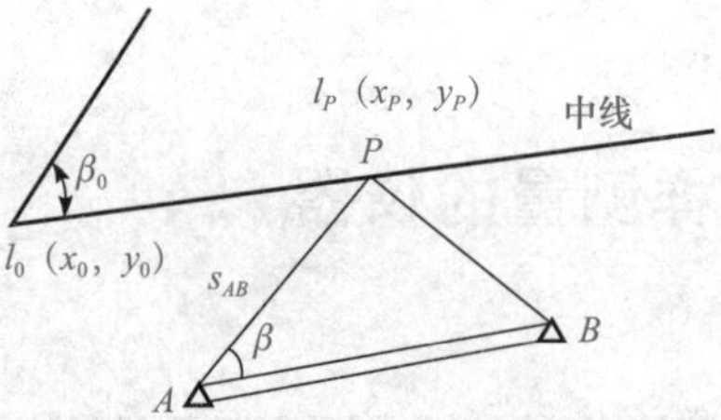

图 7-19　极坐标法测设

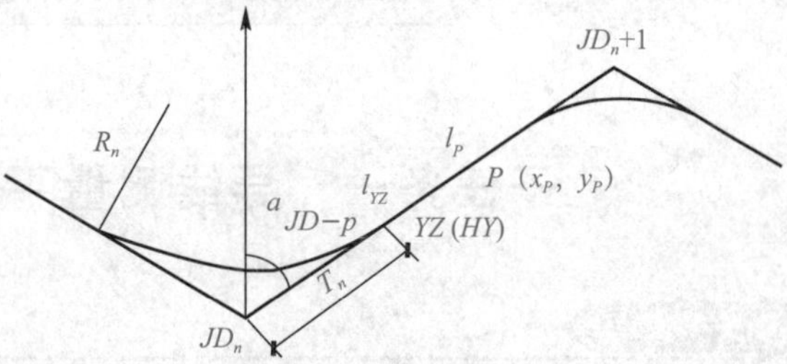

图 7-20　点 P 在直线段上

二、测设方法(用全站仪放样)

(1)在控制点 A 安置仪器，后视 B 点度盘配置零或 α_{AP}。

(2)转动照准部，使水平度盘读数为 β 或 α_{AB}。

(3)在视线方向上量取水平距离 S_{AP}，得 P 点的位置。

(4)在 P 点的位置钉桩，桩上钉钉。

三、支距法

支距法是根据纸上定线线位与控制点位置的相互关系，采用量取支距的方法。这种方法能测设出路线上的特征点，并据此穿线定出交点和专点。其步骤如下：

(1)量支距(放点)。在地形图上量取出中线与控制点的支距长度，至少量 3 处支距，并使该 3 点相互通视。

(2)测设支距。按照直角坐标原理方法放样支距，为了检查放样工作，每条直线边至少放样三个点。

(3)穿线。由于各点不一定在同一条直线上，在各点的平均位置找出 A、B 两点钉桩，随即取消其他各临时测钎。

四、图解法

图解法就是在地形图上量取测设参数的方法。其步骤如下：

(1)在地图上用量角器和比例尺量取公路中线直线段上的各点到控制点的距离和夹角，得到各测设参数 β、D 等。

(2)根据量测的数据，在实地导线上用经纬仪和钢尺按极坐标法测设个点。

(3)穿线。穿线法的优点是各条直线独立测试，误差不累积。

(4)拨角放线法适用于针对纸上定线而言。

(5)根据公路中线上的已知直线点测设交点。

任务五　公路施工测量仪器

子任务一　导线测量平面放样测量的仪器

任务指南

本任务主要是了解在施工测量工作中用于导线测量、平面放样测量的仪器；理解测量仪器的基本功能，了解各种仪器适用的测量工作。

测量依据

《国家三、四等水准测量规范》(GB/T 12898—2009)、《城市轨道交通工程测量规范》(GB/T 50308—2017)、《国家一、二等水准测量规范》(GB/T 12897—2006)、《工程测量标准》(GB 50026—2020)。

任务目标

知识目标：掌握测量仪器最基本的原理，认识测量仪器。

能力目标：能根据任务要求操作测量仪器。

素质目标：培养动手操作能力。

任务重难点

重点：测量仪器的基本功能、适用测量任务。

难点：在施工测量工作中熟练运用仪器。

知识储备

在工程测量中，常用的仪器包括全站仪、经纬仪等。

(1)全站仪：适用于大型工程测量，能够进行三维地形测量，具有高精度。

(2)经纬仪：适用于较小规模的工程测量，能够测量水平角和竖直角，也可以用于三角测量。

任务实施

(1)全站仪：目前测量施工中比较新型的仪器，它具有很全的功能。在一个测站点上，同时可以进行侧角度(水平角、竖直角)、测距离(水平距离、斜度距离)、测坐标、测高差、放样等工作。

(2)棱镜：全称棱镜放射镜，是全站仪的配套设备，放样时放在目标上。

(3)经纬仪：一种先进的测角度(水平角、竖直角)的仪器，还能在道路放样时穿过道路的中心线。同时，在钢卷尺的配合下完成道路中心线的放线(包括直线、圆曲线、缓和曲线等)。

子任务二　水准测量、高程放样测量的仪器

任务指南

本任务主要是了解在施工测量工作中用于水准测量、高程放样测量的仪器。明确测量仪器的基本功能，学会使用仪器，学会仪器的矫正；了解测量作业中的联络设备。

测量依据

《国家三、四等水准测量规范》(GB/T 12898—2009)、《城市轨道交通工程测量规范》(GB/T 50308—2017)、《国家一、二等水准测量规范》(GB/T 12897—2006)、《工程测量标准》(GB 50026—2020)。

任务目标

知识目标：掌握测量仪器最基本的功能。

能力目标：能根据任务要求操作测量仪器，学会仪器的矫正方法。

素质目标：培养动手操作能力。

任务重难点

重点：测量仪器的基本功能，学会仪器的矫正。

难点：会操作测量仪器。

知识储备

水准仪是一种用于测量地面两点之间高差的仪器，它通过望远镜观测水平线和水准管中的气泡位置来计算出地面的高低起伏。水准仪的主要部件包括望远镜、管水准器(或补偿器)、垂直轴、基座、脚螺旋等。

任务实施

水准仪是高程测量的主要仪器。

在施工过程中，一般的仪器是不能经过测量员自己校正检修的。但测量员可以自己检查仪器的准确性。仪器校正在一般情况下需要检验以下两项：

(1)i 角的检验校正。i 角检验校正的目的是使水准管管轴平行于望远镜的视准轴，使不同距离测得的同一点高程小于 3 mm。

(2)i 角的检验方法。

1)安置仪器于 A、B 中间的位置，A、B 的标尺相距 30～50 m，度数分别为 a_1、b_1。

2)将仪器移至距离 A 点 2 m 处，度数为 a_2、b_2。

3)计算：$h_1=a_1-b_1$　$h_2=a_2-b_2$

如果 $h_1-h_2\leqslant 3$ mm，这台仪器就需要校正了。

作为一个测量人员每使用新的水准仪，都要进行 i 角的检查，以便测量时的精确。不能拿来一个仪器就用，那样是对自己和工程的不负责任。

用于测量作业中的联络设备是对讲机(以前在放样施工过程中测量人员在距离远的时候都是用旗语传递信息，但随着对讲机的出现，这大大降低了传递信息的难度)。

子任务三　公路施工测量的量具

任务指南

本任务主要是了解在公路施工测量中用到的量具。

测量依据

《国家三、四等水准测量规范》(GB/T 12898—2009)、《城市轨道交通工程测量规范》(GB/T 50308—2017)、《国家一、二等水准测量规范》(GB/T 12897—2006)、《工程测量标准》(GB 50026—2020)。

任务目标

知识目标：认识公路施工测量中用到的量具。

能力目标：能根据任务要求说出公路施工测量中用到的量具。

素质目标：培养科技自信和文化自信。

任务重难点

重点：公路施工测量中量具的认识。

难点：能根据任务要求选择合适的量具。

知识储备

运用于公路施工测量中的量具有钢卷尺、皮卷尺、小钢尺、标尺、坡度尺、计算工具等。

任务实施

(1)钢卷尺(简称钢尺)：长度为 30 m、50 m。

(2)皮卷尺(简称皮尺)：长度为 30 m、50 m。

(3)小钢尺：长度为 2 m、3 m。

(4)标尺：水准尺(双面)一对；塔尺(3 m 或 5 m)、尺垫。

(5)坡度尺：一般为自制(控制边坡用)。

(6)计算工具：一般为计算器。

子任务四　公路施工测量的材料

任务指南

本任务主要是了解在公路施工测量中用到的材料。

测量依据

《国家三、四等水准测量规范》(GB/T 12898—2009)、《城市轨道交通工程测量规范》(GB/T 50308—2017)、《国家一、二等水准测量规范》(GB/T 12897—2006)、《工程测量标准》(GB 50026—2020)。

任务目标

知识目标：认识公路施工测量中用到的材料。

能力目标：能根据任务要求说出公路施工测量中用到的材料。

素质目标：培养勤动脑、爱动手的习惯。

任务重难点

重点：公路施工测量中材料的认识。

难点：能根据任务要求选择合适的材料。

知识储备

运用于公路施工测量中的材料有竹(木)签、钢签、钢钉、红布、记号笔、石灰、线绳、铁锤、凿子等。

任务实施

(1)竹(木)签：根据施工标段线路长度，桩点间距，计算竹(木)签的数量，且在开工前就应加工准备好[一般公路上都在整桩号上中心线上钉上竹(木)签作为标记，直线段一般相距 50 m 钉一根，但在测设曲线时就需要每隔 10 m 钉一个桩]。

(2)钢签：根据需要准备一定数量的钢签，基层施工时用于定桩拉线。

(3)钢钉、红布：路面施工使用[红布配合钢钉、钢签、竹(木)签使用]。

(4)记号笔(油性)、粉笔、油漆：用于测量水准点、坐标，标记位置画符号。

(5)石灰：用于堑顶、坡脚、修坡放线。

(6)线绳：与钢签、竹(木)签配合使用测量高程。

(7)铁锤、凿子：用于钉钢签、竹(木)签。

任务六　公路导线测量

子任务一　导线的形式

任务指南

本任务主要是围绕公路导线测量，根据导线的形式进行讲述。明确导线的定义及其布设形式。

测量依据

《工程测量标准》(GB 50026—2020)。

任务目标

知识目标：掌握导线测量原理，了解导线布设的形式。

能力目标：能按照任务要求运用导线测量，根据布设形式进行测量。

素质目标：培养测量自信和学习自信。

任务重难点

重点：导线的原理和布设形式。

难点：导线的布设形式。

知识储备

(1)导线——测区内相邻控制点连成直线而构成的连续折线(导线边)。

(2)导线测量——在地面上按一定要求选定一系列的点依相邻次序连成折线，并测量各线段的边长和转折角，再根据起始数据确定各点平面位置的测量方法主要用于带状地区、隐蔽地区、城建区、地下工程、公路、铁路等控制点的测量。

导线的布设形式有附合导线、闭合导线、支导线(图 7-21)。

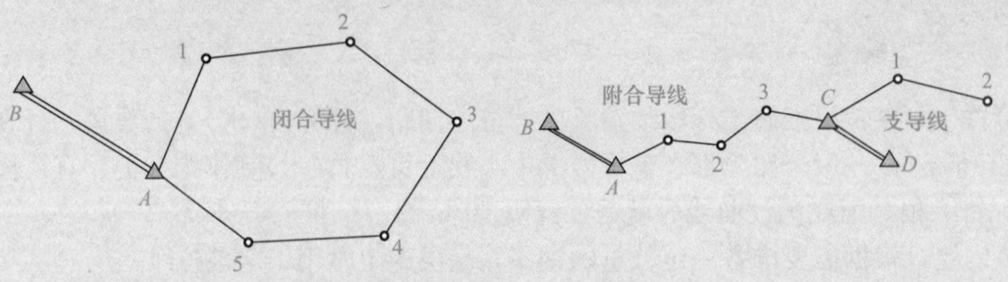

图 7-21　导线的布设形式

任务实施

(1)闭合导线：导线从已知控制点和已知方向出发，经过数点最后仍回到起点，形成一个闭合多边形，这样的导线称为闭合导线。闭合导线本身存在着严密的几何条件，具有检核作用。闭合导线是导线测量的一种已知一条边，测量若干个边长和夹角后又闭合到已知边的导线测量方法，通过计算平差后，可计算得到经过未知点的平面坐标。

(2)附合导线：附合导线是由一个已知边出发开始测量的，经过若干个未知点，到达另一个已知边，通过外业测量得出各控制点之间的距离及观测边之间的夹角，内业计算出各加密点的坐标值。

子任务二　导线测量的外业工作

任务指南

本任务主要是围绕踏勘选点及建立标志和导线转折角测量进行讲述。首先要明确导线测量的外业工作踏勘选点及建立标志，然后学习导线转折角测量。

测量依据

《国家三、四等水准测量规范》(GB/T 12898—2009)、《城市轨道交通工程测量规范》(GB/T 50308—2017)、《国家一、二等水准测量规范》(GB/T 12897—2006)、《工程测量标准》(GB 50026—2020)。

任务目标

知识目标：掌握踏勘选点及建立标志、导线转折角测量方法。

能力目标：能根据任务要求寻找踏勘选点及建立标志和导线转折角测量方法。

素质目标：培养团结合作精神，增强团队凝聚力。

任务重难点

重点：踏勘选点及建立标志，导线转折角测量。

难点：导线转折角测量。

知识储备

导线点的标志如图 7-22 所示。

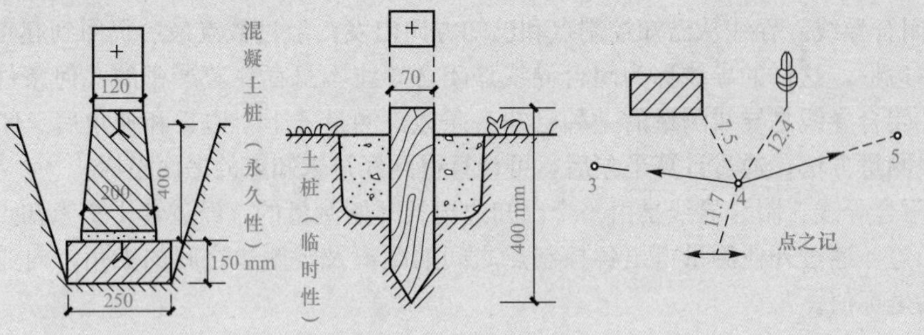

图 7-22　导线点的标志

任务实施

一、踏勘选点

1. 踏勘选点的目的

了解测区范围，地形及控制点情况，以便确定导线的形式和布置方案。

2. 踏勘选点的原则

(1)便于导线本身测量；

(2)便于地形测量和测点的引设。

3. 踏勘选点的注意事项

(1)为便于测角、相邻导线点间必须通视良好；

(2)为便于测距，应考虑各种测距方法；

(3)为便于测地形，导线点应选在地势高、视野开阔的地方；

(4)导线边大致相同，50 m$<s<$350 m；

(5)导线点不易被破坏。

二、导线转折角测量

(1)布设导线网。根据目的测区的范围把控制的网布设计成形状不同的闭合导线。

如果目的测区的形状呈现出块状时要将到导线设计成常见多边形的闭合导线；如果目的测区的形状呈现出长条时需要将导线设计成往返交错的导线。

在往、返交错的导线中，若返测时，每条导线的设计应保证距离往测各条导线旁边 10～15 m 位置处，并且还有使用油漆示意以降低山区地形造点和通视的难度。

所有导线的边长应该基本相等，相邻导线的边长不应该相差过大，若导线边长比较短的时候应该控制导线的边数，以利于分配测量误差。

(2)测量坐标。每个全站仪都有其各自的测距和测角精度，在测量三、四等控制点时，在设置好每个测站上的方位角之后，需要对后视点的一次返测进行测站和误差的限检核，然后选取返测坐标的平均增量进行测站点坐标的计算。这样就可以使全站仪的坐标测量精度提高 2 倍，接着根据后视点坐标和测站点的往返测的坐标均值对方位角进行重新设置以测量前视点的坐标。

(3)调整导线点的闭合差。导线点的平差是在导线测量功能之下的导线通过对子菜单功能进行自动调整完成的，可以根据需要选择导线坐标进行平差，也可以根据导线的长度进行简易地平差，并且还可以选择关闭或打开角度调整闭合差。

任务七　公路工程施工控制点的复测和加密

任务指南

本任务主要是围绕公路工程施工控制点的复测和加密施工项目，公路工程施工控制点包括平面控制点(闭合导线控制点、附合导线控制点)和水准高程控制点。

测量依据

《中华人民共和国公路法》。

任务目标

知识目标：掌握导线点和水准点高程控制点。

能力目标：能根据任务要求进行公路工程施工控制点的复测和加密。

素质目标：培养严谨细致、精益求精的态度。

任务重难点

重点：道路工程测量的基本原理。

难点：控制点的复测和加密。

知识储备

控制点是公路施工过程中控制公路线性平面位置的重要依据；水准点高程控制点是公路施工过程中控制路线高程的重要依据。

任务实施

施工单位所采用的控制点是由业主提供的，它是在公路设计勘测定测量阶段布设的。一般来说，从勘探设计到正式开工，间隔时间都较长。这期间在公路勘探设计阶段所布设的控制点，交点都难免损坏丢失，为了保证公路施工质量，满足施工需要，必须对业主提供的控制点数据进行复测。

控制点复测工作由工程项目部测量工程师、监理测量工程师、施工队现场测量员组成“导线复测小组”进行复核。

一、实地校核控制点

实地校核控制点是根据设计单位提供的控制点成果表，在线路实地逐点校对，校对内容如下：

(1)资料上的点与实地点位置是否一致。

(2)实地点位置完好程度、可利用程度。

(3)相邻控制点间是否通视。

在实地校对控制点位的过程中，若发现控制点已被破坏、移动或找不到，此时可考虑补点：

(1)补点不强调必须恢复原位。

(2)补点应当与相邻点通视。

(3)补点应通视路线中线桩位，有利于今后中桩放样。

应当注意在公路勘察设计阶段所布设的控制点，一般放样的时候利用率较低，复测导线补点时，应从实际出发，将点位尽可能地布设在能够通视的地方。但是，应强调的是，补点应在原导线线路上。即补点应与其他原点处于同一条导线，并且是同一坐标系中。

二、导线复测的外业工作

导线复测的外业工作主要是测距和测角，使用经纬仪和钢卷尺或全站配合测距仪。测角方法为测回法。附合导线主要是测量左角；闭合导线主要是测量内角。

三、控制点加密

原有控制点距离较远，不能满足施工对点数的需要，这时可增设满足相应进度要求的附合导线。在公路施工中，勘测设计布设的点在数量不能满足施工要求。因此，施工单位必须根据施工标段的实际需要和实际地形来加密施工导线(也称为临时控制点)。

加密导线的目的是便于线路平面放样，并保证施工精度。施工经验表明，在施工中需要多次重复恢复路线的中桩、边桩。因为施工中每天都有可能破坏这些桩位，这就需要在挖、填一定高度后重新放桩以保证路线线形。在施工标段、布设合理的控制点，能够方便而准确地恢复中桩和边桩。

四、加密施工导线的原则

(1)公路工程施工测量与其他测量一样，也必须遵循“由高到低”的原则。

(2)须从设计单位提供的控制点引出测量施工的控制点。

(3)施工控制点的坐标系统必须与设计单位提供的控制点坐标系统一致。

(4)施工导线起、终点必须是由设计单位提供的控制点。

(5)施工导线的测量精度必须满足施工放样精度。

(6)施工控制点的密度应满足施工放样的需要。实践证明，放样点距离控制点远，则放样越不方便，而且误差也大。放样是因一站到位，放样视距不超过 500 m。

五、施工导线的选点要求

(1)通视良好。

(2)点位桩需要埋设牢固，便于保护。

(3)施工控制点位的密度应该满足施工现场的放样要求。

(4)点位桩号要醒目，易识别。

项目总结

本项目主要是施工测量知识，主要包括高程测设、距离测设和水平角测设等基础知识点，以及公路施工测量的步骤和注意事项。

温故知新

1. 测设点的平面位置的方法有哪些？它们适用于什么情况？

2. 地面原有控制点 M 和 N，需要测设 A 点。已知 M(24.22 m，86.71 m)，$\alpha_{MN}=300°04'$，A(42.34 m，85.00 m)。若将仪器安装在 M 点测设 A 点，试计算测设数据。

3. 已知 A、B 两个控制点，A(530.00 m，520.00 m)，B(469.63 m，606.22 m)。若 P 点的测设坐标为(522.00 m，586.00 m)，试求用角度交会法测设 P 点的数据。

4. 试述测设一条坡度 $i=+10‰$ 直线 AB 的方法。已知 $H_A=125.250$ m，$D_{AB}=80.000$ m。

5. 已测设出直角 AOB 后，再用经纬仪精确测量的结果为 $90°00'30''$。又知 OB 长度为 100.000 m。问：如何改正 B 点的位置才能得到 90°？

学有余力

港珠澳大桥的建设。

第三篇　测量实验实习部分

项目八　测量课内实验

实验一　光学经纬仪基本操作方法

一、实验准备

(1)每实验小组的仪器工具：DJ6 经纬仪 1 台、测伞 1 把、标杆(花杆)2 支、记录板(含记录纸)1 块。

(2)在指定地点的地面上设立固定的地面点标志。

(3)目标设置：距离地面点标志 30～40 m 的两个方向设置目标，即安置标杆(花杆)。

二、经纬仪的安置

1. 三脚架对中

将三脚架安置在地面点上。要求：高度适当，架头大体水平，大致对中，稳固可靠。伸缩三脚架架腿调整三脚架高度，在架头中心处自由落下一小石头，观其落下点位与地面点的偏差，若偏差在 3 cm 之内，则实现大致对中。三脚架的架腿尖头尽可能插进土中。

2. 经纬仪对中

经纬仪对中的工作如下：

(1)安置经纬仪：从仪器箱中取出经纬仪放在三脚架架头上(手不放松)，位置适中。另一手将中心螺旋(在三脚架头内)旋进经纬仪的基座中心孔，使经纬仪牢固地与三脚架连接在一起。

(2)脚螺旋对中：这是利用基座的脚螺旋进行精密光学对中的工作。

1)光学对中器对光(转动或拉动目镜调焦轮)，使之看清楚光学对中器的分划板和地面，同时，根据地面情况辨明地面点的大致方位。

2)两手转动脚螺旋，同时眼睛在光学对中器目镜中观察分划板标志与地面点的相对位置不断发生变化情况，直到分划板标志与地面点重合为止，则用脚螺旋光学对中完毕。

3. 三脚架整平

(1)任选三脚架的两个脚腿，转动照准部使管水准器的管水准轴与所选择的两个脚腿地面支点连线平行，升降其中一脚腿使管水准器气泡居中。

(2)转动照准部使管水准轴转动 90°，升降第三脚腿使管水准器气泡居中。

升降脚腿时不能移动脚腿地面支点。升降时左手指抓紧脚腿上半段，大拇指按住脚腿下半段顶面，并在松开箍套旋钮时以大拇指控制脚腿上下半段的相对位置实现渐进的升降，管水准气泡居中时扭紧箍套旋钮。整平时，水准器气泡偏离零点少于 2 格或 3 格。整平工作应重复一、二次。

4. 精确整平

(1)任意选择两个脚螺旋，转动照准部使管水准轴与所选择两个脚螺旋中心连线平行，相对转动两个脚螺旋使管水准器气泡居中。管水准器气泡在整平中的移动方向与转动脚螺旋左手大拇指运动方向一致。

(2)转动照准部 90°，转动第三脚螺旋使管水准器气泡居中。

(3)重复(1)、(2)的步骤使水准器气泡精确居中。

三、认识经纬仪的各个部件和作用

认识经纬仪的各个部件和作用(略)。

四、水平度盘的配置

1. 度盘变换钮配置

(1)转动照准部使望远镜瞄准起始方向目标。

(2)打开度盘变换钮的盖子(或控制杆)，转动变换钮，同时观察读数窗的度盘读数使其满足规定的要求。

(3)关闭度盘变换钮的盖子(或控制杆)。

2. 复测钮配置

复测钮控制着度盘与照准部的关系，复测钮配置的具体方法如下：

(1)关复测钮，打开水平制动旋钮转动照准部，同时，在观察读数窗的度盘读数使之满足规定的要求。

(2)开复测钮，转动照准部照准起始方向，并用水平微动旋钮精确瞄准起始方向。

(3)关复测钮，使水平度盘与照准部处于脱离状态。

五、瞄准目标和度盘读数的方法

1. 瞄准

被瞄准的地面点上应设立观测目标，目标中心在地面点的垂线上。

(1)一般瞄准方法：

1)正确做好对光工作，先使十字丝像清楚，后使目标像比较清楚。

2)大致瞄准，即松开水平、垂直制动螺旋(或制动卡)，按水平角观测要求转动照准部使望远镜的准星对准目标，旋紧制动螺旋(或制动卡)。

3)精确瞄准，即转动水平、垂直微动螺旋，使望远镜的十字丝像的中心部位与目标有关部位相符合。

(2)水平角测量的精确瞄准：要求目标像与十字丝像靠近中心部分的纵丝相符合；如果目标像比较粗，则用十字丝的单纵丝平分目标；如果目标像比十字丝的双纵丝的宽度细，则目标像平分双纵丝。

2. 读数

在经纬仪瞄准目标之后从读数窗中读水平方向值。读数时应注意以下几项：

(1)读数窗的视场明亮度好。如果明亮度差，则应调整采光镜，让更多的光进入光学系统，使读数窗视场清晰。

(2)按不同的角度测微方式读数，精确到测微窗分划的 0.1 格。如按分微尺测微方式读数，直接从读数窗读度数和分微尺上的分，估读到 0.1′。

(3)在观测中，读数与记录“有呼有应，有错即纠”。应，即记录者对读数回报无误后再记；纠正记错的原则“只能划改，不能涂改”。划改，即将错的数字划上一斜杆，在错字附近写上正确数字。

(4)最后的读数值应化为度、分、秒的单位。

六、实验要求

(1)每位同学对规定的实验内容(经纬仪的安置、水平度盘的配置、瞄准目标和度盘读数)至少做一次。

(2)写实验报告。

1)安置经纬仪基本步骤和方法，第一次安置的时间。

2)说明经纬仪的主要操作部件及其作用。

3)根据实验写出水平度盘读数为 90°的配置方法。

4)根据实验举例写出分微尺测微方式读数方法。

实验二　水平角观测

一、实验准备

(1)每实验小组的仪器工具。DJ6 经纬仪 1 台、测伞 1 把、标杆(花杆)2 支、记录板(含记录纸)1 块。

(2)在指定地点的地面上设立固定的地面点标志。

(3)目标设置：距离地面点标志 30～40 m 的两个方向设置目标，即安置标杆(花杆)。

二、方向法(测回法)水平角观测

水平角观测采用测回法。

1. 准备工作

(1)按要求在地面点安置经纬仪和树立目标。

(2)选定起始方向。

(3)根据观测方向的相应距离做好望远镜的对光。对光时选择平均距离上的假定目标作为对光的对象。如果距离大于 500 m，可认为同等距离长度对待。

(4)根据需要进行水平度盘配置。初始观测瞄准起始方向时，度盘读数应稍大于 0°。

2. 观测方法

(1)盘左观测。

1)按顺时针转动照准部的方向瞄准目标。

2)在分别瞄准目标后立即读数，记录。

(2)盘右观测。

1)沿横轴纵转望远镜 180°，转动照准部使仪器处于盘右位置。

2)按逆时针转动照准部的方向瞄准目标。

3)在分别瞄准目标后立即读数，记录。

三、计算与检核

计算与检核工作步骤如下：

(1)计算半测回角度观测值，即计算盘左 $\alpha_{左}$ 和盘右 $\alpha_{右}$。

(2)检核，即计算并检核 $\Delta\alpha$ 是否大于容许误差 $\Delta\alpha_{容}$。即

$$\Delta\alpha = \alpha_{左} - \alpha_{右} < \Delta\alpha_{容} = \pm 30''$$

$$\alpha_{平} = \frac{\alpha_{左} + \alpha_{右}}{2}$$

(3)检核结果 $\Delta\alpha$ 小于容许误差 $\Delta\alpha_{容}$，计算一测回 $\alpha_{平}$。

四、实验要求

(1)每位同学对规定的实验内容(水平角观测)至少观测一个角度一测回。

(2)写实验报告。

1)写出一测回水平角的观测步骤。

2)提交二测回的水平角观测记录及计算成果(表 8-1)。

表 8-1　方向法观测水平角的记录

测站	盘位	目标	水平度盘 水平方向值读数 /(°　′　″)	水平角		测站
				半测回值 /(°　′　″)	一测回值 /(°　′　″)	
O	盘左	A	0　01　18	49　48　54	49　48　42	$\Delta\alpha = \alpha_{左} - \alpha_{右} = 24''$ $\Delta\alpha_{容} = 30''$
		B	49　50　12			
	盘右	B	229　50　18	49　48　30		
		A	180　01　48			

续表

测站	盘位	目标	水平度盘 水平方向值读数 /(°　′　″)	水平角		测站
				半测回值 /(°　′　″)	一测回值 /(°　′　″)	
O	盘左					
	盘右					

实验三　竖直角测量

一、实验准备

(1)每实验小组的仪器工具：DJ6 经纬仪 1 台、测伞 1 把、标杆(花杆)2 支、记录板(含记录纸)1 块。

(2)在指定地点的地面上设立固定的地面点标志。

(3)目标设置：距离地面点标志 30～40 m 的两个方向设置目标，即安置标杆(花杆)。

二、竖直角观测方法

中丝法，即以十字丝中横丝的观测方法。

1. 准备工作

(1)做好经纬仪与目标安置工作。

(2)根据选定的方向做好对光。

2. 盘左观测

(1)瞄准目标。望远镜视场目标像的顶面与十字丝像靠近中间的中横丝相切，或目标像的顶面平分十字丝像的双横丝，或十字丝的单横丝平分目标像的中间位置。

(2)精平，即转动微倾旋钮，使竖直度盘的水准器气泡居中。

(3)读数。与水平角测量的读数方法相同。

3. 盘右观测

观测步骤同上述盘左观测。

三、竖直角及指标差的计算

竖直度盘的刻划顺序按顺时针顺序。

1. 竖直角的计算公式

$$\alpha_{平}=\frac{R-L-180}{2}$$

$$x=\frac{360-(L+R)}{2}$$

2. 计算中的限差

(1)x 及 Δx 的限差：一般来说，经纬仪的 x 不要太大，$x\leqslant 1'$。Δx 称为指标差之差。观测竖直角对 Δx 有严格的要求，如 DJ2 经纬仪 $\Delta x\leqslant 15''$，DJ6 经纬仪 $\Delta x\leqslant 25''$(低等级)。

(2)竖直角互差 $\Delta\alpha$ 的限差：同 Δx 的限差。

四、实验要求

(1)每位学生对规定的实验内容(竖直角测量)至少观测一个角度一测回。

(2)写实验报告。

1)写出一测回竖直角测量步骤。

2)提交二测回的竖直角测量记录及计算成果(表 8-2)。

表 8-2　二测回的竖直角测量的记录与计算

测站及仪器高	测回	目标及高度	盘左观测值	盘右观测值	指标差 0	竖直角 8 9 0	竖直角平均值
O 1.543 m	1	*A*	90 30 18	269 29 49	−04	−0 30 14	8 9 0
		2.675 m	90 30 15	269 29 51	−03	−0 30 12	−0 30 13
	2	*B*	73 44 08	286 16 10	−09	16 16 01	16 16 00
		2.345 m	73 44 12	286 16 09	−10	16 15 58	

实验四　DJ2 级光学经纬仪的使用

一、实验准备

每实验小组的仪器工具：DJ2 级光学经纬仪 1 台，记录板 1 块，伞 1 把。

二、DJ2 级光学经纬仪读数设备的特点

(1)为了消除照准部偏心的影响，提高读数精度，采用符合读数的方法。使用时旋转测微手轮使对径分划线重合。

(2)在读数显微镜内只能看到水平度盘或竖盘数的一种影像，通过度盘光路转换钮，分别看到它们的像。

(3)为了简化操作程序，提高观测精度，现代 DJ2 级光学经纬仪都采用竖盘指标自动归零补偿器代替竖盘管水准器。

三、水平度盘的读数

在测站上安置好仪器，完成对中整平工作，瞄准目标后，水平度盘读数方法如下：

(1)旋转光路转换钮，使轮上指示线处于水平位置。

(2)打开水平反光镜，使读数镜内亮度适当。

(3)调节读数目镜，使读数的分划线清晰。

(4)旋转测微手轮，使上、下度盘影像做相对运动，以至达到上、下度盘刻划影像完全对齐——精确符合。

(5)读度盘读数和测微器读数，合起来得度、分、秒完整的读数。

四、竖盘读数方法

竖盘读数方法与水平盘读数基本一致，有以下两点区别：

(1)旋转换像手轮时，使轮上的指示线处于竖直位置。

(2)在读数前要旋转锁紧手轮，打开补偿器开关，使补偿器处于工作状态。

五、实验要求

每位同学掌握 DJ2 级经纬仪的读数方法。

实验五 光电测距仪的使用

一、实验准备

每实验小组的仪器工具：D3000 红外测距仪 1 台，DJ2 级光学经纬仪 1 台，反射棱镜 1 个。

二、了解 D3000 红外测距仪的主要部件和作用

D3000 红外测距仪的主要部件如下：

(1)前面板：发射、接收物镜，数据接口。

(2)后面板(操作面板)：

1)显示窗。

2)操作键，如图 8-1 所示。

ON—接通仪器电源	RESET—恢复处初始状态
OFF—断开仪器电源	DEC—减数
SHIFT—功能变换	TRA—跟踪测距
INC—加数	ppm—乘常数预置
DIST—单次正常测距工作	DIL—连续测距
mm—加常数预置	AVE—平均测距

图 8-1 操作键

(3)反射器：由反射棱镜和觇牌组成。

三、D3000 红外测距仪的使用

(1)经纬仪安置在测站上，完成对中、整平工作。

(2)反射器安置在测点上，完成对中、整平工作。

(3)测距仪的安置。

1)安装电池：将充满电的盒装蓄电池插入测距仪下方槽位。

2)测距仪与经纬仪连接：把测距仪安放在经纬仪支架上(不松手)与支架接合栓绞合，旋紧测距仪座架制动旋钮，检查固定后才松手。

(4)瞄准反射器。

1)经纬仪瞄准反射器的觇牌中心。

2)测距仪瞄准反射器的棱镜中心。瞄准时，利用座架的垂直制动手轮和微动手轮，使测距仪观测目镜内十字丝中心与棱镜中心重合。

(5)开机检查：按[ON/OFF]键，在8 s内可依次看到全屏幕显示，加、乘常数和电量回光信号显示的内容。在仪器工作正常的情况下，回光信号在40～60 s时并有连续的蜂鸣声响。

(6)测距：有以下4种测距模式：

1)正常测距：按[DIST]键一次，启动正常测距功能，4 s内显示单次测距的倾斜距离。

2)跟踪测距：按[TRC]键一次，启动跟踪测距功能，以1 s的间隔连续测距和显示每次测距的倾斜距离。按[RESET]键中断跟踪。

3)连续测距：按[DIL]键一次，启动连续正常测距功能。以正常测距的规定动作，每4 s内显示单次测距的倾斜距离。按[RESET]键中断。

4)平均测距：按[SHIFT]键，再按[AVE]键一次，启动平均测距功能。连续进行5次正常测距，然后显示5次正常测距的平均值，按[RESET]键中断。

(7)测量竖直角：测量距离并记录后，从经纬仪竖盘读取数字、记录。

(8)测量测站处大气压力和温度：一般可在测距前测量大气压力和温度各一次。

(9)测量经纬仪高度和反射棱镜中心的高度。

(10)由倾斜距离计算水平距离，在短距离情况下，可以不考虑气象改正，按下述公式计算平距和高差：

$$D=s\cos\alpha$$

$$h=D\tan\alpha+i-v$$

式中 s——倾斜距离；

α——竖直角；

i——仪器高度；

v——棱镜高度。

四、实验要求

每位同学掌握D3000红外测距仪的使用方法。

实验六 水准测量

一、实验准备

每实验小组的仪器工具：DS3水准仪1台、测伞1把、水准尺2把、尺垫2个、记录板(含记录纸)1块。

二、水准测量的基本操作与仪器的认识

1. 安置仪器(安置水准仪和竖立标尺)

(1)水准仪的安置：水准仪安置在三脚架上。要求：高度适当，大致水平，稳固可靠。

(2)竖立标尺：竖直；稳当。

仪器安置完毕，应认识仪器各部件的名称和作用，认识标尺的刻划及读数的方法。

2. 粗略整平

(1)相对转动两个脚螺旋，使圆水准器的水准气泡移向两脚螺旋的中间位置。

(2)转动第三个脚螺旋，使气泡移动到圆水准器的中心。

操作熟练后，可以将上述两个步骤合二而一，同时进行。即在相对转动两个脚螺旋的同时，转动第三个脚螺旋，使圆水准气泡居中。

3. 瞄准标尺

瞄准标尺即瞄准后视尺，开始的瞄准工作要经历粗瞄、对光、精瞄的过程，同时应注意消除视差。使望远镜十字丝纵丝对准标尺的中央。

4. 精确整平

转动微倾旋钮，观察符合气泡影像符合，实现望远镜视准轴精确整平。

5. 读数和记录

根据望远镜视场中十字丝横丝所截取的标尺刻划，读取该刻划的数字。读数的方法：先小后大。记录：按读数的先后顺序回报，回报无异议及时记录。

以上 3～5 步骤是观测后视尺的操作，获得一次后视读数 a。后续是观测前视尺的操作。

6. 瞄准标尺

瞄准标尺即瞄准前视尺。一测站前、后视距基本相等，瞄准前视尺不必重新对光。

7. 精确整平

方法同 4 步骤。

8. 读数和记录

方法同 5 步骤。

三、改变仪器高法

改变仪器高法在测站观测中获得一次高差观测值 h'之后，变动水准仪的高度再进行二次高差观测，获得新的高差观测值 h''。具体观测步骤如下：

(1)一次观测：观测顺序：后视距—后视读数 a'—前视距—前视读数 b'。

视距测量：精平后读上、下丝读数，计算视距。

(2)变动三脚架高度(10 cm 左右)，重新安置水准仪。

(3)二次观测：前视读数 b''—后视读数 a''。

(4)计算与检核：按记录的顺序(1)、(2)……(11)(表 8-3)进行，其中视距差 d、高差变化值 δ_2 是主要限差。检核合格则计算 h，即 $h=(h'+h'')/2$；否则重测。

变动三脚架高度约为 10 cm 的二次观测，目的在于检核和限制读数(尤其是分米读数)

的可能差错，提高观测的可靠性和精确性。

四、实验报告

(1)写出一测站观测操作步骤。

(2)提供测量实验观测成果(表 8-3)。

(3)体会(包括出现的问题和解决的方法)。

表 8-3　测量实验观测成果

测站	视距 s		测次	后视读数 a	前视读数 b	$h=a-b$	备注
	$s_{后}$	(1)	1	(2)	(5)	(7)	公式 d：(1)−(3)→(4) h'：(2)−(5)→(7) h''：(9)−(8)→(10) $\delta_2=h'-h''$ $h=(h'+h'')/2$→(11) “→”：记入的意思
	$s_{前}$	(3)	2	(9)	(8)	(10)	
	d	(4)	$\sum d$	(6)	平均	(11)	
1	$s_{后}$	56.3	1	1.731	1.215	0.516	$\delta_{2容}=\pm6$ mm
	$s_{前}$	53.2	2	1.693	1.173	0.520	
	d	3.1	$\sum d$	3.1	平均	0.518	

实验七　四等水准测量

一、实验准备

(1)每实验小组的仪器工具：DS3 水准仪 1 台、测伞 1 把、双面水准尺 2 把、尺垫 2 个、记录板(含记录纸)1 块。

(2)基本要求：

1)选择一条可设三测站的水准路线。

2)选一个凸出地面的固定点作为水准点。

3)按四等水准测量的限差观测。

二、双面尺法观测步骤

(1)观测黑面：利用十字丝的上、下、中丝获得后视尺黑面刻划数字上$_{黑}$、下$_{黑}$和 $a_{黑}$；利用十字丝的上、下、中丝获得前视尺黑面刻划数字上$_{黑}$、下$_{黑}$和 $b_{黑}$；

(2)观测红面：利用十字丝的中丝获得后视尺、前视尺的红面刻划数字 $a_{红}$ 和 $b_{红}$。

观测程序：“$a_{黑}$—$b_{黑}$—$b_{红}$—$a_{红}$”，即“a 尺黑面—b 尺黑面—b 尺红面—a 尺红面”。

(3)记录、计算与检核：按观测程序，表头说明观测、记录的内容，其中(1)、(2)……(18)表示记录计算的顺序(表 8-4)。

三、实验报告

提供三测站的观测成果，见表 8-4。

表 8-4　双面尺法观测记录表

<table>
<tr><td rowspan="4">测站编号</td><td rowspan="2">后视尺</td><td>下丝</td><td rowspan="2">前视尺</td><td>下丝</td><td rowspan="4">方向及尺号</td><td colspan="2" rowspan="2">标尺读数</td><td rowspan="4">黑+K−红</td><td rowspan="4">高差中数</td><td rowspan="4">备注</td></tr>
<tr><td>上丝</td><td>上丝</td></tr>
<tr><td colspan="2">后视距</td><td colspan="2">前视距</td><td rowspan="2">黑面</td><td rowspan="2">红面</td></tr>
<tr><td colspan="2">视距差 d</td><td colspan="2">$\sum d$</td></tr>
<tr><td rowspan="4"></td><td colspan="2"></td><td colspan="2"></td><td>后</td><td></td><td></td><td></td><td></td><td rowspan="4"></td></tr>
<tr><td colspan="2"></td><td colspan="2"></td><td>前</td><td></td><td></td><td></td><td></td></tr>
<tr><td colspan="2"></td><td colspan="2"></td><td>后−前</td><td></td><td></td><td></td><td></td></tr>
<tr><td colspan="2"></td><td colspan="2"></td><td></td><td></td><td></td><td></td><td></td></tr>
<tr><td rowspan="4"></td><td colspan="2"></td><td colspan="2"></td><td></td><td></td><td></td><td></td><td></td><td rowspan="4"></td></tr>
<tr><td colspan="2"></td><td colspan="2"></td><td></td><td></td><td></td><td></td><td></td></tr>
<tr><td colspan="2"></td><td colspan="2"></td><td></td><td></td><td></td><td></td><td></td></tr>
<tr><td colspan="2"></td><td colspan="2"></td><td></td><td></td><td></td><td></td><td></td></tr>
<tr><td rowspan="4"></td><td colspan="2"></td><td colspan="2"></td><td></td><td></td><td></td><td></td><td></td><td rowspan="4"></td></tr>
<tr><td colspan="2"></td><td colspan="2"></td><td></td><td></td><td></td><td></td><td></td></tr>
<tr><td colspan="2"></td><td colspan="2"></td><td></td><td></td><td></td><td></td><td></td></tr>
<tr><td colspan="2"></td><td colspan="2"></td><td></td><td></td><td></td><td></td><td></td></tr>
</table>

实验八 全站仪的使用

A：TC2000 全站仪

一、实验准备

TC2000 全站仪 1 台。

二、了解全站仪的主要部件及作用

全站仪由电子经纬仪、测距仪和微处理器三部分组合而成。测距仪、微处理器分别内藏在望远镜和照准部支架一侧。从外部来看，经纬仪的操作旋钮，全站仪都有。两者的主要差别是全站仪有按键和显示屏。这是操作者经常使用的部件。

(1)显示屏。键盘上方有三个显示窗口；显示窗 1，显示输入或输出的项目名称；显示窗 2、3，显示输入或输出的数据。

(2)键盘。键盘面共有 18 个按键。按功能分类有单功能键、双功能键和多功能键。

1)单功能键，如图 8-2 所示。

[ON]－开机　　[OFF]－关机　　[REC]－记录储存数据

[ALL]－启动测量并储存数据　　[RUN]－回车键

图 8-2　单功能键

2)双功能键：[STOP/CE]－暂停与清屏。

3)多功能键：有 12 个。各有白、绿、橙 3 种颜色，表示按键有 3 种功能。

①白色：测量准备与启动功能。如按[Hz]键启动仪器进行水平方向测量；连续按[REP]、[Hz]两键启动仪器进行水平方向的重复测量。

②绿色：显示项目选择功能。即以绿色键 DSP 带头，与一个绿色键构成选择功能格式。如连续按绿色[DSP]＋绿色[HzV]两键，表示显示窗 2 显示水平方向值[Hz]，显示窗 3 显示天顶距 V。

③橙色：指令设置功能。以按[SET]键带头，后接有关的按键实现指令设置。如[SET] [FIX] 5 [RUN]设置角度显示为 0.1″。

三、GRE4n 数据存储器

TC2000 全站仪有专用的存储器 GRE4n，有 64 K 存储容量，可存 2 000 个标准测量格式的数据。使用时用专用电缆将全站仪与其连接起来。

四、TC2000 全站仪的使用

(1)仪器的安置：全站仪安置在三脚架上(方法同经纬仪)，GRE4n、电池挂在三脚架架腿上，用专用 Y 形电缆把 GRE4n、电池与全站仪起来。在测站上做好仪器对中、整平工作。

(2)反射器在测点做好对中、整平工作。

(3)测量及数据存储。

1)按 ON 键，开机。

2)单测角：按 Hz 、 V 或 HzV 键一次，实现角度的单次测量。

3)跟踪测量：按 REP 键后再按 Hz 、 V 或 HzV ，实现水平方向(或天顶距，或水平方向与天顶距)的跟踪测量。

4)测距：单次测距，按 DIST 键，同时，也测水平方向和天顶距。跟踪测距，按 REP 后，按 DIST 键，同时也测角。

5)记录：一次测量完毕，按 REC 则记录一次测量的成果。

6)自动记录：按 ALL 键完成一次边角的全部测量与记录。

(4)按 OFF 键，关机。

五、实验要求

每位学生了解 TC2000 全站仪的使用方法。

B：TC600 全站仪

一、TC600 键盘与显示窗

图 8-3 所示是 TC600 键盘与显示窗。任何一台全站仪必有键盘与显示窗，只是设计样式、功能的差异。

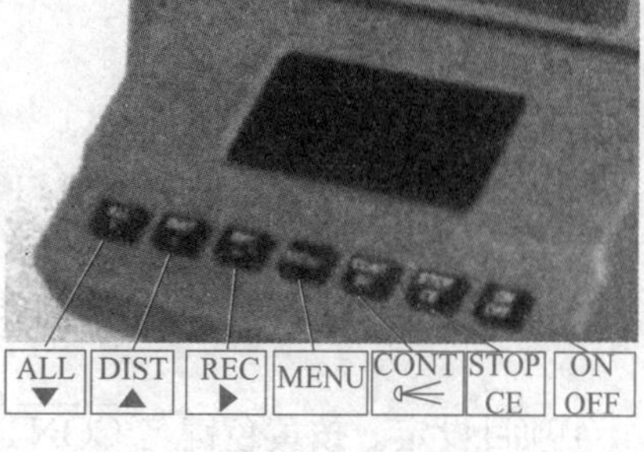

图 8-3　TC600 键盘与显示窗

(1)显示窗。图 8-3 显示窗是一般开机(按 ON 键)后测量显示样式。显示窗有 4 个显示行，分别表示点号、水平方向值、天顶距、斜距。

(2)按键的主功能。如图 8-3 所示，TC600 全站仪键盘设有 7 个按键，分别设白色、黄色两种键名。

其中，“白色键名”表示键钮的主功能。“白色键名”与 MENU 键组合为第二功能。按键的主功能如下：

ALL：启动测量、光电测距、光电测角、记录全部测量成果。

DIST：光电测距、光电测角。

REC：记录测量成果。

MENU：调用第二功能，返回第一功能。

CONT：照明开关。

CE：清除错误，终止功能，退出输入等。

ON/OFF：电源开关。

(3)按键第二功能与显示形式。按键第二功能有多层次的步骤和显示。这里列举两个层次的第二功能与显示形式。

1)一层次步骤和显示。图 8-4 所示是一层次步骤的显示。实现的步骤如下：

①项目显示。按 MENU 键，图 8-3 测量显示样式就转换为图 8-4 项目显示形式。图中虚线框是隐藏待显示的项目，共有 9 个一层次的项目显示。

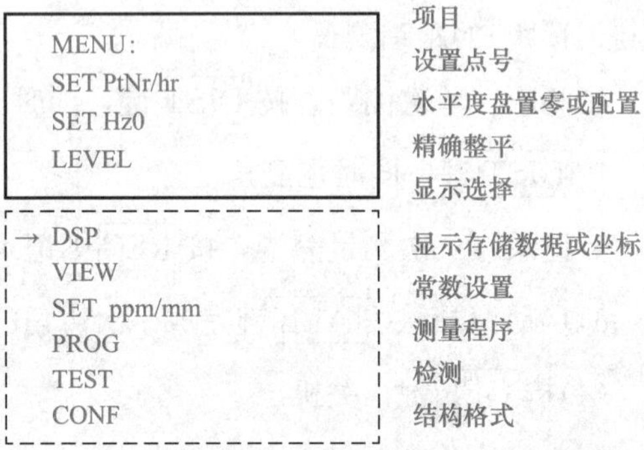

图 8-4　TC600 项目显示

②项目选择。按 MENU 键之后，按黄色键名 ▲ ▼ 上查、下查，光标“→”随之移动，根据需要选择。

③项目认可。项目选择之后，按 ¤ 键便认可所选的项目。如图 8-5 所示，按黄色键名 ▲ ▼ 上查、下查，光标“→”随注“LEVEL”(精确整平)。此时按 ¤ 键便认可“LEVEL”(精确整平)项目，随之显示图 8-6 精确整平的电子水准气泡形式。

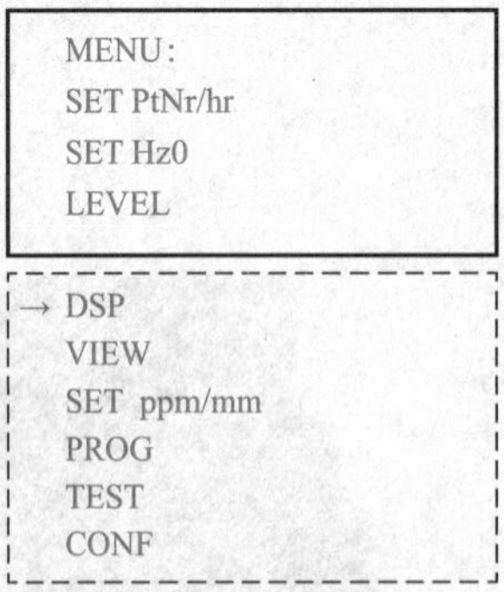

图 8-5　“DSP”项目选择

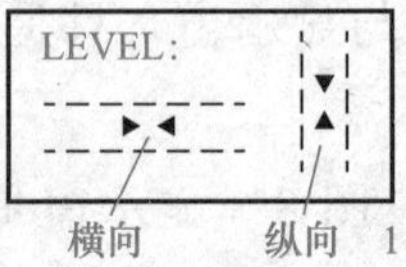

图 8-6　电子水准气泡

④项目设定。按黄色键名 CONT 键，所选择的项目被设定，仪器显示窗转入测量显示方式，设定的项目应用于整个测量过程。在“项目认可”之后按 MENU 键，仪器显示窗也转

入测量显示方式。

2)二层次步骤和显示。以测量显示 3 种方式为例。

①项目显示。按[MENU]键，项目显示形式如图 8-3 所示。

②项目选择。按黄色键名[▲]、[▼]上查、下查，光标“→”移至 DSP，如图 8-5 所示。

③项目认可。按[◻]键便认可选“DSP”项目。这是二层次测量显示 3 种方式(图 8-7)的认可与设定的开始。在此基础上按[▲]、[▼]上查、下查可任选其中一项，如选择图 8-7(a)，项目认可为标准显示方式，显示点号、水平方向值、天顶距、斜距。

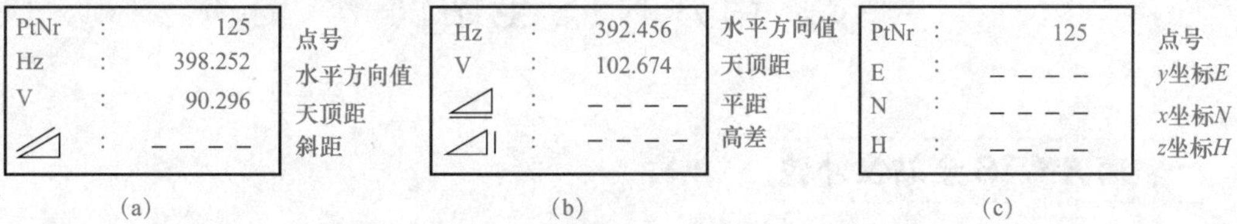

图 8-7　测量显示 3 种方式

(a)标准显示；(b)水平高显示；(c)三维显示

④项目设定。按黄色键名[CONT]键，再按[CONT]键，所选的标准显示方式被设定，仪器显示窗转入标准显示方式应用于整个测量过程。

二、TC600 的使用

1. 准备工作

(1)仪器的安置。TC600 全站仪安装好蓄电池安置在三脚架上，做好仪器对中、整平，部件导线按孔位标志插入对接(不得扭转对接)。反射器按光电测距要求安置。量好仪器高 i 和反射器高 l。

TC600 有圆水准器和管电子水准器，整平的方法有所不同。

1)脚架整平。

方法 1：逐一升降任一架腿，观圆水准气泡居中即可。

方法 2：项目设定“LEVEL”电子水准气泡精确整平形式；转照准部使横向管电子水准轴与任选两架腿支点连线平行，升降一架腿观横向管电子水准气泡居中；再升降第三架腿观纵向管电子水准气泡居中。

2)精确整平。方法：项目设定“LEVEL”电子水准气泡精确整平形式；转照准部使横向管电子水准轴与任选两脚螺旋中心连线平行，相对转动两脚螺旋观横向管电子水准气泡居中(▷、◁对称显示)；再转动第三脚螺旋观纵向管电子水准气泡居中(△、▽对称显示)。

(2)测量前的仪器测量显示图 8-7(a)样式确定及测距改正数、地面点号码、坐标、高程与点名代码等参数的设置。

2. 瞄准反射器

利用同轴操作旋钮，按瞄准方法瞄准反射器中心。

3. 测量与记录

(1)测角：TC600 开机就测角，如图 8-3 所示显示 PtNr(点号)、Hz(水平方向值)、

V(天顶距)。按REC键记录测角的结果。

(2)测距：按DIST键，3 s 后显示距离。其间也测水平方向和天顶距，如图 8-7(a)所示显示 PtNr(点号)、Hz(水平方向值)、V(天顶距)、斜距。按REC键记录测角的结果。

(3)跟踪测量：按DIST键 2 s，跟踪测量开始。跟踪测距也测角。

(4)测量与自动记录：按ALL键完成一次边角全部测量与记录。

C：南方 NTS 全站仪

一、南方 NTS 全站仪外貌

南方 NTS 全站仪外貌如图 8-8 所示。

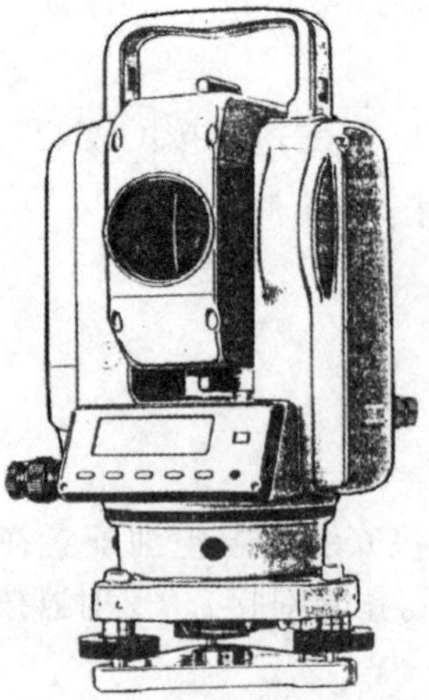

图 8-8 南方 NTS 全站仪外貌

二、键盘

键盘如图 8-9 所示。

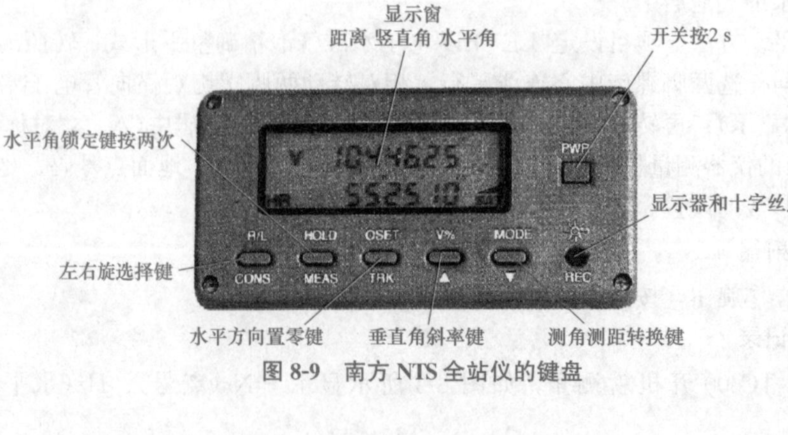

图 8-9 南方 NTS 全站仪的键盘

三、技术指标

(1)角度测量：显示 1″(5″)，精度±2″(±5″)。

(2)距离测量：精度±(5 mm+5 ppm·D)；测程为 1.5～2.5 km；测量时间为 6 s、3 s、1 s。

四、操作特点

(1)初始化。

(2)不平显示。

(3)键功能较多(图 8-9)。

1)[PWR]：开关：按 2 s 可开可关。仪器安置后按[PWR]键开，屏幕显示“OSET”，应初始化，即开垂直制动，纵转望远镜可实现。

2)[R/L]：左右旋选择键：按一次，屏幕左下角显示“HR”，顺时针转动方向增加水平度盘记数。按一次，屏幕左下角显示“HL”，逆时针转动方向增加水平度盘记数。

3)[OSET]：水平角置零键：连续按两次，水平角显示为 0。按一次不起作用。

4)[HOLD]水平角固定键：连续按两次，水平角显示被固定。按一次不起作用。相当于复测键。

5)[V%]：竖直角与坡度变换键。按一次变换。

6)[MODE]：角、距变换键。按一次变换。

7)[☼]：屏幕照明键。

8)[REC]：记录键。

五、基本应用操作

(1)仪器安置。全站仪、反射器、电池(未关机不得卸)。

(2)测量准备。

1)角度测量准备：HR、HL 的设定；方向值置零；度盘配置。

2)距离测量准备：反射器常数、气象改正的设定。加常数、乘常数的设定。

(3)角度测量。从显示窗获得瞄准目标后的方向值，或按[REC]键。

(4)距离测量。

1)测距方式选择。按[MODE]键一次。

2)连续测距。瞄准反射器后，显示窗有“*”标志，按[MEAS]键，每 3 s 测距。中断按[MODE]键。

3)单次测距。瞄准反射器后，显示窗有“*”标志，连续按[MEAS]键两次，6 s 测距。

连续按 MODE 键两次，回角度测量。

4)跟踪测距。瞄准反射器后，显示窗有“＊”标志，按 TRK 键，每 1 s 测距。中断按 MODE 键。

六、专项操作

(1)参数设定。
(2)专项测量。

D：TOPCON 全站仪

(1)TOPCON 全站仪外貌，如图 8-10 所示。
(2)键盘。

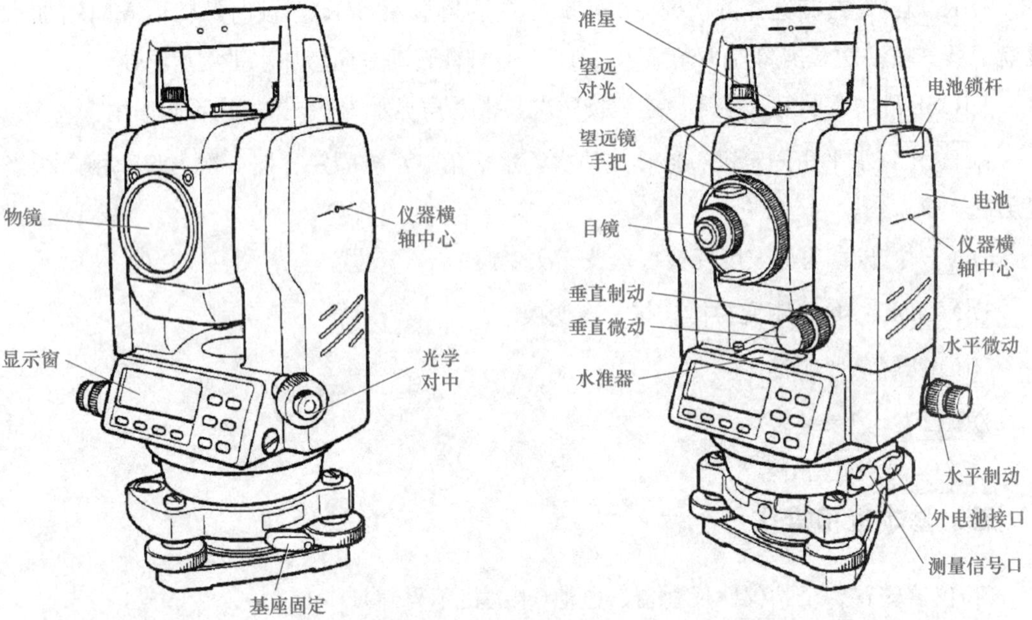

图 8-10　TOPCON 全站仪外貌

实验九　建筑物的定位和高程测设

一、实验准备

(1)经纬仪 1 台、测钎 2 支、钢尺 1 把、记录板 1 块、木桩 9 个、水准仪 1 台、水准尺 1 把、铁锤 1 个、小钉 8 个。

(2)选择 50 m×30 m 场地。

二、测设的要求

利用已有的一段建筑基线 A、B，测设一民用建筑物的轴线于地面，并将室内地平位置标于现场。控制点和设计数据如图 8-11 所示。

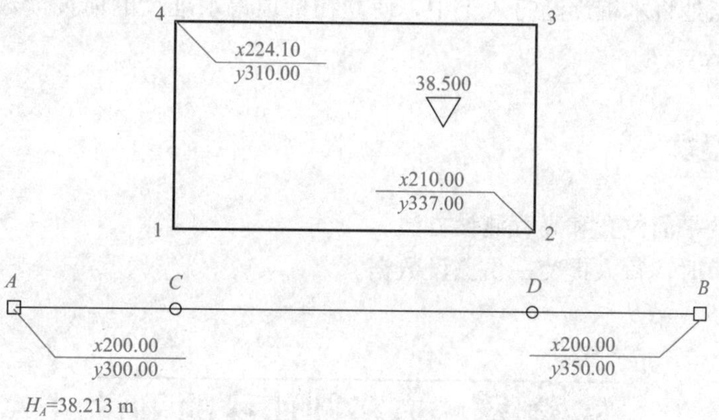

图 8-11　控制点和设计数据

三、测设数据的准备

利用控制点 A、B，采用直角坐标法将轴线交点 1、2、3、4 测设于地面，需要计算出下列线段的长度：AC、CD、$C1$、14、$D2$、23、43。

四、直角坐标法测设轴线交点的平面位置

在合适的场地打下 A、B 木桩，并做标志，使 AB=50 m。

(1)安置经纬仪于 A 点，完成对中、整平工作。瞄准 B 点，在望远镜视线方向上，用钢尺丈量水平距离 AC，插下测钎，在测钎处打下木桩；重新在视线方向丈量水平距离 AC 并在木桩上捶入小钉做出标志 C。同法在视线方向丈量距离 CD，定出 D 点。

(2)把经纬仪移至 C 点，安置好，盘左瞄准 B 点，旋转度盘变换手轮使水平读数为 $0°00'00''$，转动照准部，使水平度盘读数为 $270°00'00''$；拧紧制动螺旋，在视线方向丈量距离 $C1$，参照(1)中的方法，用铅笔在桩顶标记出 $1'$点。在盘右位置，同法在同一木桩上标记出 $1''$点，当 $1'1''$的长度在允许范围内时，取平均位置定下 1 点，并捶入一小钉。同法标出 4 点。

(3)将经纬仪移至 D 点，后视 A 点，采用类似 2 的方法标定出 2、3 点。

(4)检核。分别测量水平角∠4、∠3，观测值与设计值的差不应超过±1′；测量 3、4 点的水平距离 d，计算 $e=\frac{\Delta\alpha}{\rho}\times d$ 及相对误差，相对误差不超过$\frac{1}{1\ 000}$。

五、室内地平标高的测设

(1)将水准仪安置于 A 点与待定点大致等距处，立水准尺于 A 点，读得后视读数为 a。

(2)计算在测设点的应读数 b。

$$b=H_a+a-H_0$$

(3)在测设点处将木桩逐渐打入土中，使立在桩顶得水准尺的前视读数最后等于 b，则桩顶就是±0 位置。

六、实验要求

(1)掌握点的平面位置和高程测设方法。

(2)实验结束时，每人提交一份测设数据。

实验十 道路圆曲线的测设

一、实验准备

经纬仪 1 台、钢尺 1 把、标杆 2 支、测钎 10 支、记录板 1 块、木桩 3 个、铁锤 1 个。

二、圆曲线的设计数据验算

某道路工程如图 8-12 所示，中线交点 JD 的里程桩为 K35＋613.33，其偏角 $\alpha=60°00'$，圆曲线设计半径 $R=30$ m，$l_0=10$ m。

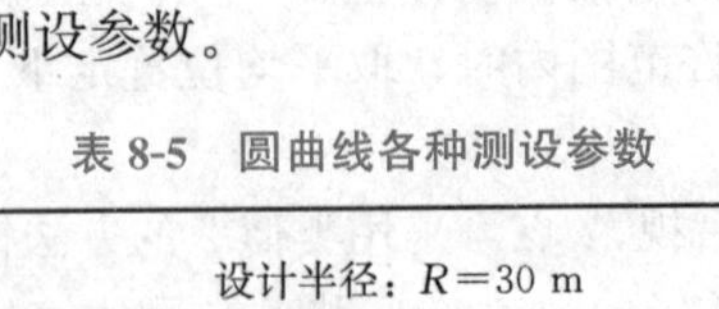

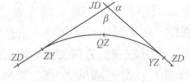

图 8-12　某道路工程

表 8-5 中提供圆曲线各种测设参数。

表 8-5　圆曲线各种测设参数

已知参数	转　　数：$\alpha=60°00'$ 交点里程：$JD_{里程}=$K35＋613.33	设计半径：$R=30$ m 整桩间距：$l_0=10$ m
特征参数	切线长：$T=17.32$ m 外矢距：$E=4.64$ m	弧　长：$L=31.42$ m 切曲差：$D=3.22$ m

续表

主点里程	ZY 点里程：K35+596.01 QZ 点里程：K35+611.72		YZ 点里程：K35+627.43 JD 点里程：K35+613.33(验算)			
详细测设参数			切线支距法 原点：ZY X 轴：$ZY-JD$		偏角法 测　站：ZY 起始方向：$ZY-JD$	
名点	桩号里程 km　　m	累积弧长 /m	X/m	Y/m	θ	c
					° ′ ″	m
ZY	K35+596.01	0	0	0		
1	K35+600.00	3.99	3.98	0.26	3　48　37	3.99
2	K35+610.00	13.99	13.49	3.20	13　21　34	13.86
QZ	K35+611.72	15.71	15.00	4.01	15　00　07	15.53
3	K35+620.00	23.99	21.51	9.09	22　54　31	23.35
YZ	K35+627.43	31.42	25.98	15.00	30　00　14	30.00

三、圆曲线的测设(参考《交通土木工程测量》)

(1)主点定位元素的计算：测设前先进行验算。

(2)主点里程参数计算：测设前先进行验算。

(3)详细测设参数计算：测设前先进行验算。

1)切线支距法。

2)偏角法。

(4)主点的测设。

1)在场地上选取 JD 点，设定 ZY(或 YZ)的方向。

2)在 JD 点安置经纬仪，完成对中整平。

3)望远镜瞄准 ZY 点方向，用钢尺丈量水平距离 T，标定 ZY 点。

4)按 α 角的关系定出 YZ 方向，按 3)方法标定 YZ 点。

5)用望远镜对准转折角 $\beta=180°-\alpha$ 的角平分线方向，丈量水平距离 E，标定 QZ 点。

(5)圆曲线的详细测设。以偏角法为例说明测设步骤：

1)经纬仪安置于 ZY 点，对中整平，后视 JD 点，使水平度盘读数为 $0°00'00''$。

2)转动照准部，使水平度盘读数为 θ_1，自 ZY 点起，在视线方向上丈量水平长度 c_1，定出 1 点，插下测钎。

3)转动照准部，使水平度盘读数为 $\theta_1+\theta_0$，钢尺自 ZY 点起沿视线丈量 c_2，定出 2 点，插下测钎。以此类推，测设其余各点。

4)测设终点 YZ，检查闭合差。以偏角 $\theta_{YZ}=\alpha/2$，弦长 c_{YZ} 测设 YZ 点，其闭合差限差为：半径方向 +0.1 m，切线方向 $+L/1\ 000$。

四、实验要求

(1)掌握圆曲线的测设方法。
(2)实验结束时，每人提交一份测设数据。

实验十一　建筑基线定位

一、实验准备

(1)经纬仪 1 台、测钎 2 支、钢尺 1 把、记录板 1 块、木桩 3 个、铁锤 1 个、小钉 4 个。
(2)选择 30 m×30 m 场地。

二、略图

建筑基线 AB、AC，$AB \perp AC$，如图 8-13 所示。

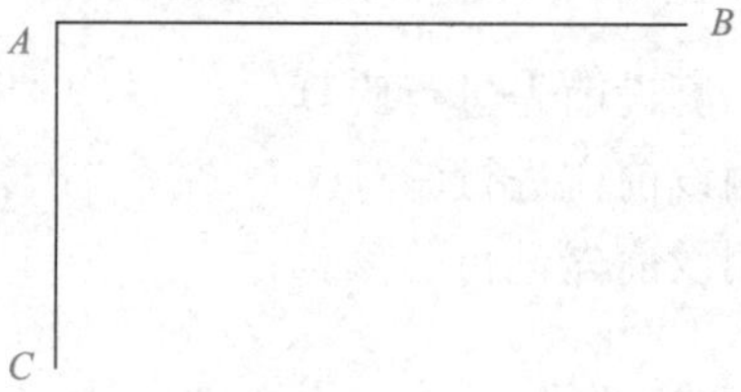

图 8-13　建筑基线

三、测设数据的准备

利用极坐标法将轴线点 A、B、C 测设于地面上，$AB=30$ m，$AC=25$ m，$\angle BAC=90°$。$\Delta S_{容}=\pm10$ mm，$\Delta\alpha_{容}=\pm20''$。

四、极坐标法测设轴线点的平面位置

(1)在合适的场地打下 A、B 木桩，并做标志，使 $AB=30$ m。安置经纬仪于 A 点，完成对中、整平工作。

(2)盘左瞄准 B 点，旋转度盘变换手轮使水平读数为 $0°00'00''$，转动照准部，使水平度盘读数为 $90°00'00''$；

(3)在望远镜视线方向上，用钢尺丈量水平距离 $AC=25$ m，插下测钎，在测钎处打下了木桩；重新在视线方向丈量水平距离 AC 并在木桩上捶入小钉做出标志 C。

(4)以经纬仪观测$\angle BAC$。

(5)检查$\angle BAC$是否等于90°、是否在$\Delta\alpha_{容}$之内。

(6)改正。若$\angle BAC$不符合要求，计算标志C的移动值e，定标志C。

$$e=\frac{\Delta\alpha}{\rho}\times AC$$

五、实验要求

$$\Delta\alpha=\angle BAC-90^{\circ}$$

(1)掌握距离放样、角度放样的方法。

(2)每人提交一份实验报告(含测设数据)。

项目九　测量实习

一、实习目的

测量实习是测量学理论教学和实验教学之后一门独立的实践性教学课程，其目的如下：

(1)进一步巩固与加深测量基本理论与技术方法的理解及掌握，并使之系统化、整体化。

(2)通过实习的全过程，提高使用测绘仪器的操作能力、测量计算能力和绘图能力，掌握测量基本技术工作的原则和步骤。

(3)掌握路线工程测量基本工作(中线测量和纵断面测量)；掌握土木工程测量的一般方法。

(4)在各个实践性环节培养应用测量基本理论综合分析问题和解决问题的能力，训练严谨的科学态度和工作作风。

二、实习任务

(1)控制测量。

1)导线测量：附合导线、闭合导线各一条及若干支导线，控制点 8 个以上(不包括所需的已知点)，控制点之间长度不少于 40 m。

2)水准测量：附合水准路线、闭合水准路线各一条及若干水准支线，水准点 8 个以上(不包括所需的已知点)，水准路线总长度在 350 m 以上。

(2)测绘地形图：比例尺 1∶500，图幅 20×30(cm^2)或 30×20(cm^2)；每位学生测绘地形图一方格。

(3)路线中线测量和纵断面测绘：选择路线长度大于 350 m，其中有一交点。圆曲线半径 R=30～45 m，转角 α=40°～100°，按具体地形确定。

(4)建筑物的定位：建筑基线的定位与调整。

(5)测绘新仪器、新技术演示。

三、实习基本过程

(1)实习动员，领仪器工具，落实计划。

(2)测区实地踏勘，选点(控制点、水准点、图根点)。

(3)测图控制测量外业：导线测量(测角、量边)、四等水准测量。

(4)控制测量内业：导线计算、水准测量内业、控制点坐标与高程成果表。

(5)测图准备：图纸、展绘控制点。

(6)地形图测绘。

(7)地形图整饰(包括地貌图勾绘)。

(8)路线中线测量及纵断面绘制。

(9)民用建筑物定位(建筑基线的定位与调整)。

(10)编写实习报告。

(11)测绘新技术、新仪器参观与演示。

(12)仪器操作考核。

(13)归还仪器、工具；交测量成果：控制测量资料、图纸；路线中线测量及纵断面绘制的资料、图纸；建筑基线的定位的资料、图纸；实习报告。

(14)实习总结。

四、实习工作要求

实习是综合性实践教学，有明确计划性；实习外业工作在校园里开展，车辆和行人干扰因素较多，实习工作以小组为单位，独立作业，工作强度大。为了保证完成教学任务，必须有高度组织纪律性，协调一致完成各项实习工作。

(1)各小组根据实习安排，制订工作计划并执行。各小组实习工作计划可按实习基本过程和实习日历详细制订。

(2)每位同学按小组安排，充分准备，认真完成当天工作。

(3)遵守纪律和考勤制度。

(4)注意安全，爱护仪器工具，防止事故的发生。

(5)协商一致，团结主动积极做好各项工作。

五、实习内、外业工作注意事项

1. 外业记录

(1)原始记录应清楚、整齐，不得涂改。如记错可以用横线画掉，将正确数字写在上方。

(2)观测角度的最后成果，写成度、分、秒形式。

(3)水准测量高差精确至 mm。

(4)光电测距或钢尺丈量精确至 mm。

(5)断面测量的地面点高程精确至 cm。

2. 内业计算

各人要独立完成内业计算，并在组内进行检核。计算表格包括导线计算、支导线计算、水准路线内业计算、支水准路线计算和路线测量(桩号、高程)计算。整理一份控制点点位成果表。

3. 地形图测绘

以经纬仪测绘法为例，测图前应检查测站点及定向点在图纸上展点的正确性，确定无误后才能进行测图。图内的碎部点数量要足够，注记高程的碎部点最大点距为 3 cm，绘图线条标准、清晰，注记完整、修饰后版面整洁美观，字样端正，图幅之间接边无误。

4. 路线中线测量及纵断面图绘制

做好圆曲线参数计算，纵断面测量参数精确至 cm。纵断面图绘制比例：纵 1∶100；横 1∶1 000。

六、实习测量工作的技术要求

1. 导线测量

(1)角度观测：仪器(经纬仪)；方向法(二测回)。

$$\Delta\alpha \leqslant \pm 30''。$$

(2)观测目标：花杆(应尽量观测花杆底部)。

(3)光学对中误差：<2 mm。

(4)整平误差：在测站观测中，水准气泡在测回间偏差<1 格。

(5)导线边测量：红外测距仪或全站仪(钢尺)。

(6)红外测距仪：单程观测，二测回(一测回，即瞄准一次读四次数)。

(7)读数间较差：≤5 mm；测回间较差：≤10 mm。

(8)测距边平距化算：可以采用两端点高差，也可以用观测的垂直角进行倾斜改正(钢尺丈量：用普通钢尺丈量法，往返丈量)。

$$\frac{\Delta L}{L} \leqslant \frac{1}{2\ 000}$$

往返测相对互差

角度闭合差

$$f_{\beta容} < 40\sqrt{n}$$

导线全长相对闭合差

$$k \leqslant \frac{1}{2\ 000}$$

2. 水准测量

(1)改变仪器高法或双面尺法。

(2)两次仪器高测得的高差之差≤5 mm。

(3)视距长度≤80 m。

(4)前后视距差≤5 m。

(5)前后视距差累计≤10 m。

(6)高差闭合差：

$$\leqslant \pm 9\sqrt{n}\ (或 \pm 30\sqrt{L})\ \text{mm}$$

3. 地形图测绘

(1)经纬仪测绘方法：测量碎部点的方向、平距、高程；图板上碎部点定位、注高程；勾绘。

(2)地形图精度要求。图板图幅方格边误差<±0.2 mm。

检查方向偏差<0.3 mm。

(3)视距长度<60 m，非重要地物可放宽到100 m。

主要地物的测绘：

1)建筑物外廊，以墙角为准测量，一般要求测3个点以上(包括墙长大于30 m)，高程注记到cm。

2)图上大于0.5 mm重要地物，如台阶、花坛、小路应按比例测绘。

3)独立地物，如消防水龙头、报栏、单车棚、电杆、下水道出入口、Φ30 cm的树木应表示在图上。

4)高差大于0.5 m的陡坎、栏杆，应测其高度并在符号附近。

5)房屋注明层次、结构性质、所在单位。

①钢筋混凝土、钢结构。

②混凝土结构。

③混合结构。

④砖土结构。

如B4表示四层楼钢筋混凝土结构。

6)最后成图整饰。字头朝北，数字清楚端正。

(4)路线中心测设。纵向：

$$\leqslant \pm 50\sqrt{L}\ \text{mm}$$

(5)路线纵断面测量：高差闭合差。

1)纵断图面里程比例：1∶2 000。

2)高程比例：1∶200。

七、实习组织

1. 组织机构

(1)由教师、班长、学习委员组成实习领导机构，下设实习小组。

(2)实习小组由4～5人组成，设组长、副组长各1人。

(3)每日的外业实习工作由小组成员轮流当责任组长。

2. 职责

(1)班长：检查全班各组考勤和各小组实习进度，协助解决实习有关事宜。

(2)学习委员：检查各组仪器使用情况，收集各小组的实习成果。

(3)组长：提出制订本组的实习工作计划，安排责任组长，全组讨论通过。收集保管本组的实习资料和成果。

实习工作计划表内容：日期、星期、实习内容、责任组长。

(4)副组长：负责本组仪器的保管及安全检查、保管本组实习内业资料。

(5)责任组长：执行实习计划，安排当天实习的具体工作，登记考勤，填写实习日志。注意做好准备。责任组长如实记录实习日志。实习日志内容：当天实习任务，完成情况，存在问题，小组出勤情况。

八、应提交的实习成果

(1)外业观测原始记录：水平角观测记录、水准观测记录、距离观测记录、极坐标法测设数据记录、路线(或管道)中桩测量及高程测量记录。

(2)计算成果(每人各1份)：水准路线计算成果、导线计算成果。

(3)图件：地形图每组1张、路线(或管道)纵断面图每人各1份、地貌勾绘作业每人1份。

(4)实习日志：每组1份。

(5)实习报告：每人1份。

九、实习报告提纲

(1)概述：承担的实习任务、时间、地点，实习测区概况(地貌、物地情况，控制点分布告情况)，完成实习任务的计划及完成情况。

(2)外业工作情况：控制点的选定、观测。施工测量与管道测量的数量及质量的说明(兼有略图)。测图的方法及质量说明。整个实习过程使用仪器的情况说明。

(3)实习的主要成果的质量统计。

(4)实习的分工安排及方法小结。

(5)实习体会：包括整个实习过程的认识、实习经验和教训、实习建议。

十、个人实习成绩的评定标准

测量实习外业是以小组为单位集体完成的。为了客观全面地反映个人在实习中的情况，特制定本评定标准，内容见表9-1。

表9-1 实习成绩的评定标准

序号	项目	基本要求	满分	考核依据	评分
1	考勤与纪律	按时上下班，全勤、服从指挥、不影响他人、不损坏公共财物	14	实习日志 监督记录	1/3缺勤实习不及格，实行8小时工作制，迟到1次扣1分。隐瞒考勤加倍扣分
2	观测与计算	记录齐全、数据准确整洁、表格整齐、计算数据可靠、完成实习的观测任务	18	小组观测记录个人计算资料(高程、导线等)	小组成果满分9分，个人成果满分9分，成果缺一扣2分。伪造成果0分
3	仪器操作	无事故，全组仪器完好无损、操作熟练、数据整洁无误(角度、距离、高程、测图)	20	实习日记 事故记录	操作考核材料发生重大事故实习不及格，记录满分5分，操作满分10分
4	绘图	按要求完成地形图测绘、地形图样符合实习要求、按要求完成地形图绘制	18	小组地形图 个人绘地貌图	小组满分10分 个人满分8分

续表

序号	项目	基本要求	满分	考核依据	评分
5	路线测量放样	按要求测量路线中线位置和纵断面图(按要求测量轴线位置)	10	曲线计算资料纵断面图(放样图检核记录)	满分：曲线计算5分，纵断面图5分 (含轴线放样)
6	总结报告	符合提纲要求、分析说明正确、按时提交成果	20	个人提交的实习报告	基本要求15分，有新创意20分，实习班干部协作好另加分

注：1. 抄袭成果视情况扣分，直至该项目扣为零分。
2. 违反操作规程损坏仪器设备，除扣分外还按设备处理赔偿。
3. 表中1、2、3、4、5项中有两项不及格，则实习不及格。总分不及格则实习不及格。
4. 不及格学生按学校规定到下一届学生班重新实习

参考文献

[1] 张敬伟，马华宇．建筑工程测量[M].3版．北京：北京大学出版社，2021.
[2] 袁济祥，崔佳佳．测绘基础[M]. 徐州：中国矿业大学出版社，2018.
[3] 刘岩．控制测量[M]. 武汉：武汉大学出版社，2020.
[4] 林长进．建筑施工测量[M].2版．北京：北京出版社，2021.
[5] 黄金山，吴艳．道桥工程测量[M]. 广州：华南理工大学出版社，2014.
[6] 郭学林．无人机测量技术[M]. 郑州：黄河水利出版社，2018.
[7] 李保平，魏亮．测绘法律法规[M].2版．郑州：黄河水利出版社，2018.
[8] 成晓芳．全站仪测量[M]. 北京：机械工业出版社，2022.
[9] 许娅娅，雒应．测量学[M].3版．北京：人民交通出版社，2009.
[10] 李向民．建筑工程测量[M].2版．北京：机械工业出版社，2022.
[11] 马斌，罗相杰．工程测量学实践指南[M]. 北京：北京出版社，2012.
[12] 王春生．道路勘测设计[M]. 济南：山东大学出版社，2008.
[13] 中华人民共和国住房和城乡建设部．GB 50026—2020 工程测量标准[S]. 北京：中国计划出版社，2021.
[14] 中华人民共和国国家质量监督检验检疫总局，中国国家标准化管理委员会. GB/T 12897—2006 国家 一、二等水准测量规范[S]. 北京：中国标准出版社，2006.
[15] 中华人民共和国铁道部．TB 10601—2009 高速铁路工程测量规范[S]. 北京：中国铁道出版社，2009.
[16] 秦长利. 城市轨道交通工程测量[M]. 北京：中国建筑工业出版社，2008.
[17] 中华人民共和国住房和城乡建设部. GB/T 50308—2017 城市轨道交通工程测量规范[S]. 北京：中国建筑工业出版社，2018.
[18] 胡伍生，潘庆林．土木工程测量[M]. 南京：东南大学出版社，2022.
[19] 杨柳，左智刚．工程控制测量[M]. 成都：西南交通大学出版社，2017.